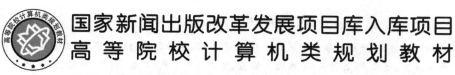

国家新闻出版改革发展项目库入库项目

高等院校计算机类规划教材

全国高等院校计算机基础教育研究会重点立项项目

C 语言程序设计教程

U0149734

主审　王志海

主编　李伟静　高　娟

北京邮电大学出版社
www.buptpress.com

内容简介

本书从初学者的认知规律出发,形成一整套知识点完备、由浅入深、由易到难的课程资料,内容包括C语言与程序设计、算法、数据类型、运算符、表达式、格式输入输出、程序控制结构、数组、函数、指针、结构体与共用体、文件操作等。本书注重教材的可读性,对C语言和程序设计的基本概念和要点讲解透彻;对经典例题分析解题思路,实现一题多解,并通过分析程序,强化知识点和编程技巧。

本书体系合理,内容充实,概念清晰,例题丰富,实用性强,可作为高等院校计算机相关专业公共课教材和全国计算机等级考试参考书,也可作为读者自学用书。

图书在版编目(CIP)数据

C语言程序设计教程 / 李伟静,高娟主编. -- 北京:北京邮电大学出版社,2021.8 (2024.1重印)
ISBN 978-7-5635-6464-4

Ⅰ.①C… Ⅱ.①李…②高… Ⅲ.①C语言－程序设计 Ⅳ.①TP312.8

中国版本图书馆CIP数据核字(2021)第156919号

策划编辑:刘纳新 张珊珊 责任编辑:廖 娟 封面设计:七星博纳

出版发行:北京邮电大学出版社
社 址:北京市海淀区西土城路10号
邮政编码:100876
发 行 部:电话:010-62282185 传真:010-62283578
E-mail:publish@bupt.edu.cn
经 销:各地新华书店
印 刷:北京虎彩文化传播有限公司
开 本:787 mm×1 092 mm 1/16
印 张:12.5
字 数:328千字
版 次:2021年8月第1版
印 次:2024年1月第5次印刷

ISBN 978-7-5635-6464-4 定价:34.00元

前　　言

　　"C语言程序设计"课程是大多数高等学校程序设计语言的入门课程,在计算机教育和计算机应用中发挥着重要作用。C语言功能丰富、表达能力强、使用灵活方便、应用面广、目标程序效率高、可移植性好,既具有高级语言的优点,又具有低级语言的许多特点;既适合编写系统软件,又能方便地用来编写应用软件。

　　本书由讲授"C语言程序设计"课程的教师根据多年教学经验编写而成,编者站在应用的角度,以编程为目的和主线,从初学者的认知规律出发,使之形成一整套知识点完善、由浅入深、由易到难的课程教学资源。本书的教学目标是培养学生的逻辑思维能力和程序设计能力,因此在内容编排上力求重点突出、难点分散,在语言描述上注重概念清晰、通俗易懂,并采用循序渐进的方式,通过大量的例题分析将理论知识与实践相结合,以期逐步提高学生编写程序的能力,引导学生通过实践活学活用、自我发展,培养创新意识。由于"C语言程序设计"是一门理论性、实践性较强的课程,为了帮助学生掌握有关的基本概念和程序设计方法,使学生在反复实践中提高设计程序和调试程序的能力,编者在每章末尾精心设计了难易适当的编程题供学生课后练习。

　　学习程序设计,主要是掌握程序设计的思路和方法,要活学活用,举一反三,掌握规律。听课和看书只能掌握概念和理论,所以必须动手编程,亲自上机调试,重视实践环节,注重培养分析问题的能力,构造算法的能力,编程的能力和自我学习、创新的能力。

　　本书由王志海老师主审,其中第4章和第5章由高娟老师编写(约85千字),其他章节均由李伟静老师编写(约245千字)。本书在编写过程中受到付婷婷、王全新等多位老师的帮助和指导,在此表示衷心的感谢。本书的出版由全国高等院校计算机基础教育研究会2019年度计算机基础教育教学研究项目(项目编号:2019-AFCEC-003)资助。

由于编者水平有限,书中不足之处在所难免,真诚欢迎各位读者批评指正。

编　者

2020 年 1 月

于北京交通大学海滨学院

目　　录

第 1 章　C 语言和程序设计

计算机的应用已渗透到社会的各行各业,正在改变着传统的工作、学习和生活方式,推动着社会的发展。而计算机程序则像一位优秀的"指挥家",它告诉计算机要做哪些事,按什么步骤去做。

1.1　计算机程序

计算机程序是一组计算机能识别和执行的指令,运行于计算机上,使计算机成为满足人们某种需求的信息化工具。

计算机程序采用某些程序设计语言编写,运行于某种目标结构体系上。打个比方,程序就如同用英语(程序设计语言)写作的文章,要让一个懂得英语(编译器)同时也会阅读这篇文章的人(结构体系)来阅读、理解、标记这篇文章。一般来说,以英语文本为基础的计算机程序要经过编译、链接而成为人们难以解读,但又可以轻易地被计算机解读的数字格式,然后进行运行。

1.2　计算机语言

要想让计算机按照我们的意愿运行,就需要先告诉计算机我们要做什么,这就涉及程序设计语言。

程序设计语言在漫长的发展过程中不断根据人类的需要更迭,到现在为止已经出现第三代非过程化语言。非过程化语言仅需要向计算机描述我们需要做什么,而不需要描述具体的算法细节。

第一代:机器语言。机器语言是由 0、1 组成的二进制代码指令构成,不同的 CPU 具有不同的指令系统。机器语言程序难编写、难修改、难维护,需要用户直接对存储空间进行分配,编程效率极低。

机器语言示例:

0000,0000,000000000001

代表将 1 放入它之前的地址单元。

0010,0000,000000000010

代表将 2 与地址单元 0000 中的内容相加,并将结果保存在其中。

0001,0000,000000010000

代表将 0000 中的内容存储到其后的地址单元中。

第二代:汇编语言。汇编语言是一种用于可编程器件的低级语言,亦称为符号语言。在汇编语言中,用助记符代替机器指令的操作码,用地址符号或标号代替指令或操作数的地址。汇编语言同样存在着难学难用、容易出错、维护困难等缺点。但是汇编语言也有其独特的优点：可直接访问系统接口，汇编程序翻译成的机器语言程序执行效率高。从软件工程角度来看，只有在高级语言不能满足设计要求，或不具备支持某种特定功能的技术性能（如特殊的输入输出）时，汇编语言才被使用。

汇编语言示例：

```
LOAD A, 1
```

代表将 1 放入地址单元 A 中。

```
ADD A, 2
```

代表将 2 与地址单元 A 中的内容相加，并将结果保存在其中。

```
STORE A, 16
```

代表 A 中的内容存储到其后的地址单元中。

第三代：高级语言。高级语言是面向用户的、基本上独立于计算机种类和结构的语言。其最大的优点在于：形式上接近于算术语言和自然语言，概念上接近于人们通常使用的概念。

高级语言示例：

```
Z = X + Y
```

代表将 X 加 Y 的值赋予 Z。

高级语言的一条命令可以代替几条、几十条甚至几百条汇编语言的指令。因此，高级语言易学易用，通用性强，应用广泛。

高级语言种类繁多，可以从应用特点和对客观系统的描述两个方面对其进一步分类。

从应用角度来看，高级语言可以分为基础语言、结构化语言和专用语言。

1. 基础语言

基础语言也称通用语言。它历史悠久，流传广泛，有大量的已开发的软件库，拥有众多的用户，为人们所熟悉和接受。例如 FORTRAN、COBOL、BASIC、ALGOL 等。FORTRAN 语言是国际上广泛流行的，也是使用得最早的一种高级语言，从 20 世纪 90 年代起，其在工程与科学计算中一直占有重要地位，备受科技人员的欢迎。BASIC 语言是在 20 世纪 60 年代初为适应分时系统而研制的一种交互式语言，可用于一般的数值计算与事务处理。BASIC 语言结构简单，易学易用，并且具有交互能力，成为许多初学者学习程序设计的入门语言。

2. 结构化语言

20 世纪 70 年代以来，结构化程序设计和软件工程的思想日益为人们所接受和欣赏。在它们的影响下，先后出现了一些很有影响的结构化语言，这些结构化语言直接支持结构化的控制结构，具有很强的过程结构和数据结构能力。PASCAL 语言、C 语言、Ada 语言就是它们的突出代表。

PASCAL 语言是第一个系统地体现结构化程序设计概念的现代高级语言，软件开发的最初目标是把它作为结构化程序设计的教学工具。由于其模块清晰，控制结构完备，有丰富的数据类型和数据结构，语言表达能力强和移植容易，不仅被国内外许多高等院校定为教学语言，而且在科学计算、数据处理和系统软件开发中都有较广泛的应用。

　　C语言功能丰富,表达能力强,有丰富的运算符和数据类型,使用灵活方便,应用面广,移植能力强,编译质量高,目标程序效率高,具有高级语言的优点。同时,C语言还具有低级语言的许多特点,如允许直接访问物理地址,能进行位操作,能实现汇编语言的大部分功能,可以直接对硬件进行操作等。用C语言编译程序产生的目标程序,其质量可以与汇编语言产生的目标程序相媲美,具有"可移植的汇编语言"的美称,成为编写应用软件、操作系统和编译程序的重要语言之一。

　　3. 专用语言

　　专用语言是为某种特殊应用而专门设计的语言,通常具有特殊的语法形式。一般来说,这种语言的应用范围狭窄,移植性和可维护性不如结构化程序设计语言。随着时间的推移,被使用的专业语言已有数百种,应用比较广泛的有 APL 语言、Forth 语言和 LISP 语言。

　　从描述客观系统来看,程序设计语言可以分为面向过程语言和面向对象语言。

　　(1) 面向过程语言

　　以"数据结构＋算法"程序设计范式构成的程序设计语言,称为面向过程语言。前面介绍的程序设计语言大多为面向过程语言。

　　(2) 面向对象语言

　　以"对象＋消息"程序设计范式构成的程序设计语言,称为面向对象语言。比较流行的面向对象语言有 Delphi 语言、Visual Basic 语言、Java 语言和 C++语言等。

　　Delphi 语言具有可视化开发环境,提供面向对象的编程方法,可以设计各种具有Windows 内核的应用程序(如数据库应用系统、通信软件和三维虚拟现实等),也可以开发多媒体应用系统。

　　Visual Basic 语言简称 VB,是为开发应用程序而提供的开发环境与工具。它具有很好的图形用户界面,采用面向对象和事件驱动的新机制,把过程化和结构化编程集合在一起。因其它在应用程序开发中的图形化构思,所以无须编写任何程序就可以方便地创建应用程序界面,且与 Windows 界面非常相似,甚至是一致的。

　　Java 语言是一种面向对象的、不依赖于特定平台的程序设计语言,简单、可靠、可编译、可扩展、多线程、结构中立、类型显示说明、动态存储管理和易于理解,是一种理想的、用于开发Internet 应用软件的程序设计语言。

1.3　C语言的发展及其特点

高级语言种类繁多,其中影响最大的是 C 语言。

1.3.1　C语言的诞生以及标准化

　　C语言诞生于美国的贝尔实验室,由 D. M. Ritchie 以 B 语言为基础发展而来,在 C 语言主体设计完成后,Thompson 和 Ritchie 用它完全重写了 UNIX,且随着 UNIX 的发展,C 语言也得到了不断地完善。为了便于 C 语言的全面推广,许多专家学者和硬件厂商联合组成了 C语言标准委员会,并在 1989 年,诞生了第一个完备的 C 标准,简称"C89",也就是"ANSI C"。

　　C语言之所以命名为 C,是因为 C 语言源自 Ken Thompson 发明的 B 语言,而 B 语言则源自 BCPL 语言。

1967 年，剑桥大学的 Martin Richards 对 CPL 语言进行了简化，于是产生了 BCPL（Basic Combined Programming Language）语言。

20 世纪 60 年代，美国 AT&T 公司贝尔实验室（AT&T Bell Laboratory）的研究员 Ken Thompson 想玩他自己编写的模拟在太阳系航行的电子游戏——Space Travel。他找到了一台空闲的没有操作系统的机器——PDP-7，而游戏必须使用操作系统的一些功能，于是他着手为 PDP-7 开发操作系统。后来，这个操作系统被命名为 UNIX。

1970 年，美国贝尔实验室的 Ken Thompson 以 BCPL 语言为基础，设计出很简单且很接近硬件的 B 语言（取 BCPL 的首字母），并且他用 B 语言编写了第一个 UNIX 操作系统。

1971 年，同样酷爱 Space Travel 的 D. M. Ritchie 加入了 Thompson 的 UNIX 开发项目，他的主要工作是改造 B 语言，使其更成熟。

1972 年，美国贝尔实验室的 D. M. Ritchie 在 B 语言的基础上最终设计出了一种新的语言，他取了 BCPL 的第二个字母作为这种语言的名字，这就是 C 语言。

1973 年初，C 语言的主体完成。Thompson 和 Ritchie 迫不及待地开始用 C 语言完全重写了 UNIX。此时，编程的乐趣使他们完全忘记了"Space Travel"，一门心思地投入到了 UNIX 和 C 语言的开发中。随着 UNIX 的发展，C 语言自身也在不断地完善。直到 2020 年，各种版本的 UNIX 内核和周边工具仍然使用 C 语言作为最主要的开发语言，其中还有不少继承 Thompson 和 Ritchie 之手的代码。

在开发中，他们还考虑把 UNIX 移植到其他类型的计算机上使用，C 语言强大的移植性在此显现。机器语言和汇编语言都不具有移植性，为 X86 开发的程序不可能在 Alpha、SPARC 和 ARM 等机器上运行。而 C 语言程序则可以使用在任意架构的处理器上使用，只要架构的处理器具有对应的 C 语言编译器和库，然后将 C 源代码编译、链接成目标二进制文件之后即可运行。

1977 年，D. M. Ritchie 发表了不依赖于具体机器系统的 C 语言编译文本《可移植的 C 语言编译程序》。

C 语言继续发展，1982 年，很多有识之士和美国国家标准协会为了使这个语言健康地发展下去，决定成立 C 标准委员会，建立 C 语言的标准。委员会由硬件厂商、编译器及其他软件工具生产商、软件设计师、顾问、学术界人士、C 语言作者和应用程序员组成。1989 年，ANSI 发布了第一个完整的 C 语言标准——ANSI X3.159—1989，简称"C89"，不过人们也习惯称其为"ANSI C"。C89 在 1990 年被国际标准组织 ISO（International Standard Organization）一字不改地采纳，ISO 官方给予的名称为：ISO/IEC 9899，所以 ISO/IEC9899：1990 也通常被简称为"C90"。1999 年，在做了一些必要的修正和完善后，ISO 发布了新的 C 语言标准，命名为 ISO/IEC 9899：1999，简称"C99"。2011 年 12 月 8 日，ISO 又正式发布了新的标准，称为 ISO/IEC9899：2011，简称"C11"。

迄今为止，最新的 C 语言标准为 C18。

需要注意的是，计算机无论软件还是硬件在今天的发展都是十分迅速的，所以书本上的内容可能很快就会过时，这需要同学们能够自主地探索那些与时俱进的新知识、新技术。

1.3.2　C 语言的特点

C 语言是一种结构化语言，层次清晰，可按照模块的方式对程序进行编写，十分有利于程序的调试，且 C 语言的处理和表现能力都非常强大，依靠全面的运算符和多样的数据类型，可以轻易完成各种数据结构的构建,通过指针类型更可对内存直接寻址以及对硬件进行直接操作,因此既能够用于开发系统程序,也可用于开发应用软件。通过对C语言的研究分析,总结出其以下主要特点。

1. 简洁的语言

C语言包含的控制语句仅有9种,关键字也只有32个,程序的编写要求不严格且以小写字母为主,对许多不必要的部分进行了精简。实际上,与硬件有关联的语句构成较少,且C语言本身不提供与硬件相关的输入输出、文件管理等功能,但可以通过配合编译系统所支持的各类库进行编程,故C语言拥有非常简洁的编译系统。

2. 具有结构化的控制语句

C语言是一种结构化的语言,提供的控制语句具有结构化特征,如for语句、if-else语句和switch语句等。可以用于实现函数的逻辑控制,方便面向过程的程序设计。

3. 丰富的数据类型

C语言包含的数据类型广泛,不仅包含传统的字符型、整型、浮点型、数组类型等数据类型,还具有其他编程语言所不具备的数据类型,其中以指针类型数据使用最为灵活,可以通过编程对各种数据结构进行计算。

4. 丰富的运算符

C语言包含34个运算符,它将赋值、括号等均视作运算符来操作,使C程序的表达式类型和运算符类型均非常丰富。

5. 可对物理地址进行直接操作

C语言允许对硬件内存地址进行直接读写,以此可以实现汇编语言的主要功能,并可直接操作硬件。C语言不仅具备高级语言所具有的良好特性,而且包含了许多低级语言的优势,故在系统软件编程领域有着广泛的应用。

6. 代码具有较好的可移植性

C语言是面向过程的编程语言,用户只需要关注待解决问题的本身,而不需要花费过多的精力去了解相关硬件,并且针对不同的硬件环境,在用C语言实现相同功能时的代码基本一致,不需或仅需进行少量改动便可完成移植,这就意味着,对于一台计算机编写的C程序可以在另一台计算机上轻松地运行,从而极大地减少了程序移植的工作强度。

7. 可生成高质量、目标代码执行效率高的程序

与其他高级语言相比,C语言可以生成高质量和高效率的目标代码,故通常应用于对代码质量和执行效率要求较高的嵌入式系统程序的编写。

没有一种语言是十全十美的,C语言也有一定的缺点,具体表现为:

(1) 数据的封装性。数据封装性的缺失使得C语言在数据安全性上有很大的缺陷。

(2) C语言语法上的限制并不是非常严格,对变量的类型约束同样不严格,这会影响程序的安全性。例如,不会对数组元素下标越界做检查。

1.4　开发环境

开发环境(Development Environment)是指在基本硬件和数字软件的基础上,为支持系统软件和应用软件的工程化开发和维护所使用的软件。一般的软件开发环境(Software Development Environment)简称SDE。事实上,为了代码更便于维护、迁移,现在多采用集成

开发环境(Integrated Development Environment),简称 IDE。IDE 是一种辅助程序开发人员开发软件的应用软件,在开发工具内部就可以辅助编写源代码文本,并编译打包成可用的程序,有些甚至可以设计图形接口。

下面主要介绍 Windows 操作系统下的 C 语言开发环境的搭建(默认操作系统版本为Windows10)。

(1) 在浏览器上搜索 Code∷Blocks 官网,或者直接输入 http://www.codeblocks.org 进入 Code∷Blocks 官网,如图 1-1 所示。

图 1-1　Code∷Blocks 官网

(2) 单击 Code∷Blocks 官网中的"Downloads",选择"Download the binary release",如图 1-2 所示。

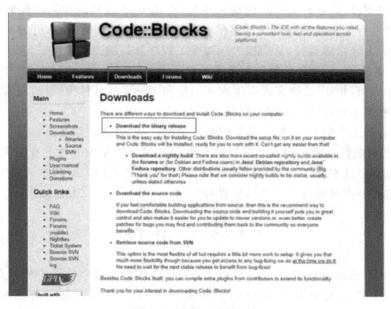

图 1-2　下载二进制版本

（3）进入后，就会出现很多版本，一般选择下载自带编译器的版本 codeblocks-17.12mingw-setup.exe，单击其后的链接 Sourceforge.net 开始下载，如图 1-3 所示。

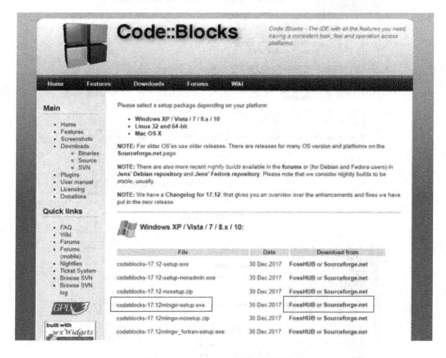

图 1-3　选择自带编译器的版本

（4）下载完成后启动安装程序，单击图 1-4 中的"Next"按钮开始安装。

图 1-4　启动安装程序

（5）同意安装许可协议，单击图 1-5 中的"I Agree"按钮。

（6）选择默认的安装项目后，单击图 1-6 中的"Next"按钮。

（7）选择安装路径后，单击图 1-7 中的"Install"按钮。

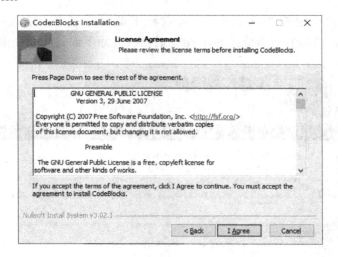

图 1-5　许可协议

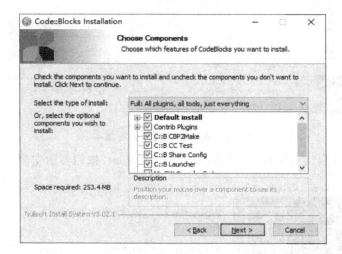

图 1-6　选择安装项目

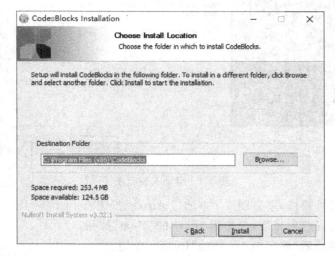

图 1-7　安装路径

（8）等待安装完成后，单击图 1-8 中的"是"按钮开始运行 Code∷Blocks。

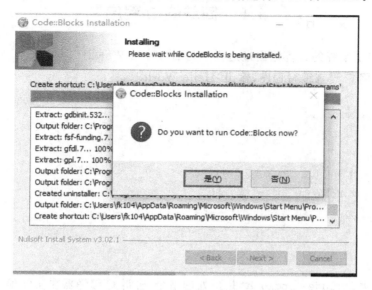

图 1-8　安装完成

（9）初次打开 Code∷Blocks 时，选择第一个"GNC GCC Compiler"为默认编译器，然后单击"Set as default"按钮，最后单击"OK"按钮，进入了我们的工作界面，如图 1-9 所示。

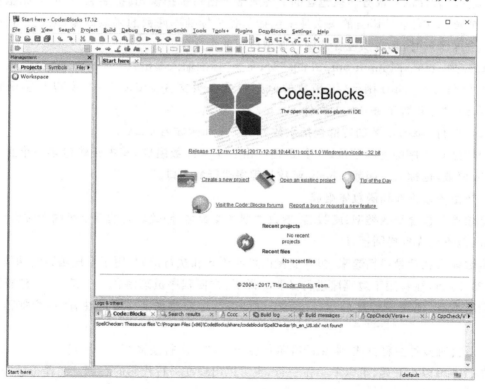

图 1-9　运行 Code∷Blocks

到这里环境的基本配置就结束了。

1.5 简单的 C 程序

几乎每个初学编程的人都输出过这样一句话"Hello World!"。

【例 1-1】 用 C 语言编写程序,输出"Hello World!"。

```
01：#include<stdio.h>
02：int main()
03：{
04：    /*我的第一个C程序*/
05：    printf("Hello World! \n");
06：    return 0;
07：}
```

【程序分析】

(1) 01 行,#include<stdio.h>是预处理指令,告诉 C 编译器在实际编译之前把 stdio.h 文件包含到用户源文件中,预处理的结果和程序组成一个完整的源程序。

include 称为"文件包含命令",其意义是把尖括号<>或引号""内指定的文件包含到本程序中,成为本程序的一部分。被包含的文件通常是由系统提供,其扩展名为.h,因此也被称为头文件或首部文件。C 语言的头文件中包括了各个标准库函数的函数原型,因此凡在程序中调用一个库函数时,都必须包含该函数原型所在的头文件。

stdio 为 standard input output 的缩写,意为"标准输入输出"。

05 行调用了 printf 函数,该函数的原型包含在头文件 stdio.h 中,所以在主函数前用#include 命令包含了 stdio.h 文件。

(2) 02 行,main 函数的首部包括函数类型 int 和函数名 main。

函数是 C 程序的基本单位,一个 C 程序由若干个函数组成,其中必然包含一个且仅有一个 main 函数,也称为主函数。main 函数是程序执行的入口。

函数由函数首部和函数体组成。

函数首部包含函数类型、函数名、参数类型和参数名,函数名后的圆括号内允许为空,即没有参数,但不允许省略圆括号。

函数体由花括号{}括起来,包含变量的声明语句和执行语句,用于实现函数的功能。

(3) 04 行,注释用于对程序进行必要的说明,方便程序员理解代码。编译时,注释部分不产生目标代码,不影响程序的运行。一个好的源程序应当加上必要的注释,以增加程序的可读性。

C 语言有多种注释方式,常见的有单行注释"//"和多行注释"/*…*/"。

单行注释以//开始,可以单独占一行,也可以出现在一行代码的右侧。注释符后的部分为注释内容。

多行注释又称块注释,以/*开始,以*/结束,二者之间的部分为注释内容,可以包含一行内容,也可以包含多行内容。

（4）05 行，printf 函数是 C 中标准库函数中的格式化输出函数，它的作用就是将双引号""当中的内容格式化并输出到标准输出设备（显示器等）。

（5）06 行，return 0;终止 main 函数的执行，并返回值 0。

（6）在 C 程序中，每个语句必须以分号结束，它是 C 语句的必要组成部分，表明一个逻辑实体的结束。C 语言中，分号被用作语句结束的标志。

C 程序的书写风格很自由，不仅一行可以写多个语句，还可以将一个语句写到多行。但为了增强 C 程序的可读性，一般每行只写一条语句。

1.6　运行 C 程序的步骤和方法

在 1.4 节中，我们学习了在 Windows 系统下搭建开发环境，这一节我们将学习如何去创建并运行程序。

（1）打开已经安装好的 Code∷Block，单击图 1-10 中的"Create a new project"按钮，创建一个新的项目。

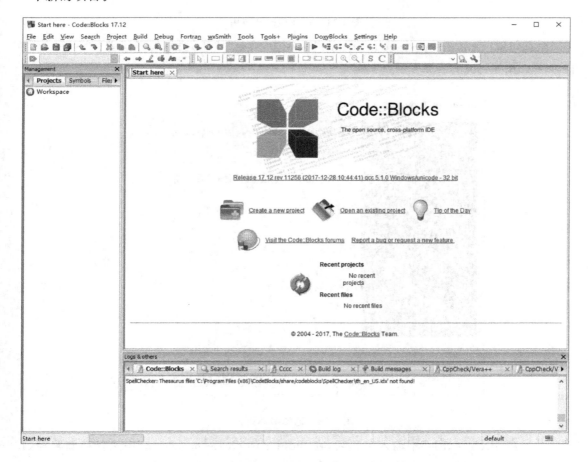

图 1-10　创建新项目

（2）选择控制台应用"Console application"，单击右侧的"Go"按钮，如图 1-11 所示。

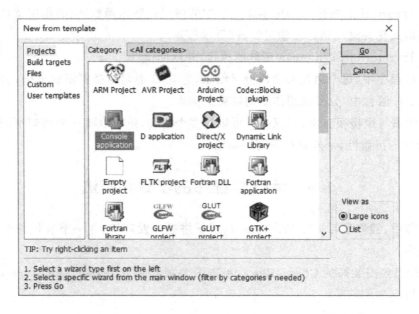

图 1-11　选择控制台应用

（3）勾选"Skip this passage next time"后单击"Next"按钮，选择编译语言"C＋＋"后，单击"Next"按钮，如图 1-12 所示。

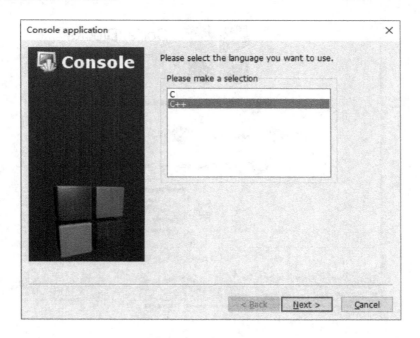

图 1-12　选择编译语言

（4）在"Project title"中输入工程名，在"Folder to create project in"中选择存储路径，在"Project filename"中输入文件名称，然后单击"Next"按钮，如图 1-13 所示。

（5）选择编译器后单击图 1-14 中的"Finish"按钮，项目创建成功。

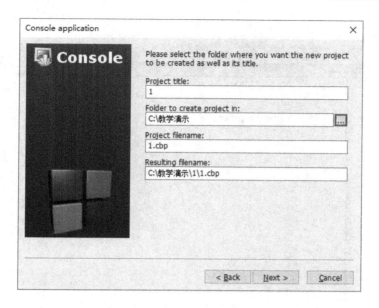

图 1-13　填写工程信息

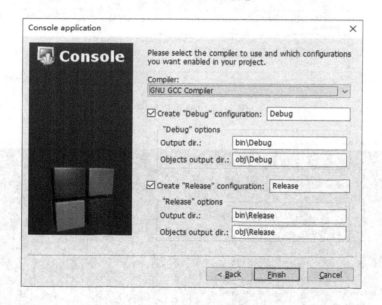

图 1-14　项目创建成功

（6）进入编辑区编写源程序。源程序编辑完成后，单击工具栏中的"Build"按钮进行组建，对源文件编译后显示存在的错误及警告个数，如图 1-15 所示。

（7）若源程序没有错误，则可以单击工具栏中的"Run"按钮运行程序，运行结果如图 1-16 所示。

当在黑色窗口中看到"Hello world!"时，恭喜你已经完成了你的第一个程序！

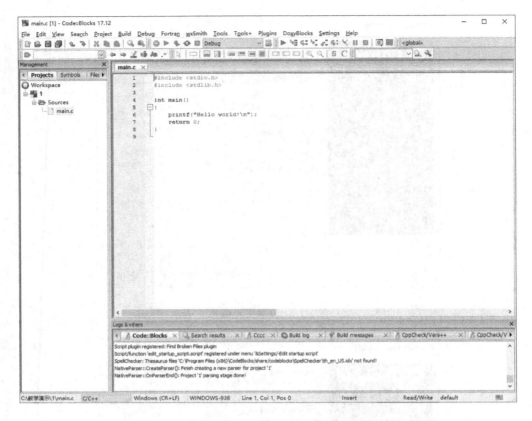

图 1-15　编写源程序

图 1-16　显示结果

表 2-1 流程图中的图形符号及作用

名称	图形符号	作用
起止框		表示算法的开始和结束
输入输出框		表示信息的输入或输出
处理框		表示执行的操作
判断框	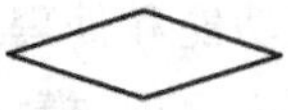	用于对给定的条件进行判断,决定其后执行的操作
流程线		表示流程的方向

将例 2-1 求 $n!$ 的算法用流程图表示,流程图如图 2-1 所示。

注意:

判断框有一个入口,两个出口,两侧的 Y 和 N 表示条件的判断结果成立和不成立,即"是"和"否"。

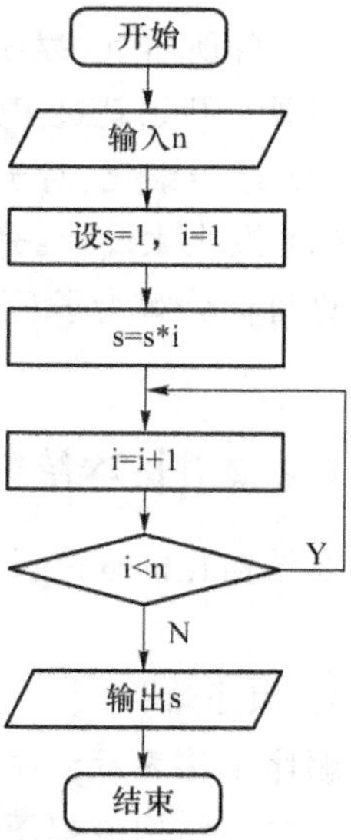

2.3.3 伪代码表示法

伪代码是介于自然语言和程序设计语言之间的一种类自然语言的表示方法,书写形式自由,容易理解,方便转换为程序。

用伪代码表示例 2-1 求 $n!$ 的算法如下。

① 算法开始。

② 输入 n 的值。

③ i=1,s=1;

④ do{ s = s * i;

        i = i + 1;

     }while i <= n;

⑤ 输出 s 的值。

⑥ 算法结束。

图 2-1 求 $n!$ 流程图

本算法采用了直到型循环(步骤④),其中,do 的意思是"执行",执行其后花括号中两条语句(循环体)的操作,while 的意思是"当",判断其后的条件"i <= n"是否成立,若条件成立则再次执行循环体中的操作,否则循环到此结束,执行其后的操作⑤。

2.4 结构化程序设计方法

结构化程序设计方法由迪杰斯特拉(E. W. dijkstra)于 1969 年提出,这是软件发展过程中的一个重要里程碑。

结构化程序设计方法以模块化设计为中心,将待开发的软件系统划分为若干个相互独立的模块,这样使得完成每一个模块的工作变得单纯而明确,这种程序具有较强的可读性和易维护性、可调性和可扩充性,为设计一些较大的软件打下了良好的基础。

结构化的程序设计主要采用自顶向下、逐步细化、模块化的程序设计方法,使用顺序、选择、循环三种基本控制结构构造程序。这三种基本结构的共同特点是只允许有一个入口和一个出口,仅由这三种基本结构组成的程序称为结构化程序。

2.4.1 设计方法

在结构化程序设计的具体设计过程中,坚持以模块功能和处理过程设计为主的基本原则。在结构化程序设计中,模块划分的原则是模块内具有高内聚度、模块间具有低耦合度。基本思路是把一个复杂的任务按照功能进行拆分,并逐步细化到便于理解和描述的程度,最终形成由若干独立模块组成的树状层次结构,具体来说就是采用自顶向下、逐步细化、模块化的程序设计方法。

(1) 自顶向下:程序设计时,应先考虑总体,后考虑细节;先考虑全局目标,后考虑局部目标。不要一开始就过多追求众多的细节,先从最上层总目标开始设计,逐步使问题具体化。

(2) 逐步细化:对于复杂问题,应设计一些子目标作为过渡,逐步细化。

(3) 模块化设计:一个复杂问题,肯定是由若干较简单的问题构成。模块化是把程序要解决的总目标分解为子目标,然后进一步分解为具体的小目标,我们将每一个小目标称为一个模块。

2.4.2 基本结构

在结构化的程序设计中,只允许出现三种基本的程序结构:顺序结构、选择结构和循环结构。

1. 顺序结构

顺序结构表示程序中的各语句是按照它们出现的先后顺序执行,是程序设计中最基本的结构。顺序结构流程图如图 2-2 所示。

2. 选择结构

选择结构表示程序的处理步骤出现了分支,它需要按给定的选择条件成立与否来确定程序的走向,选择其中的一个分支执行。选择结构有单分支选择、双分支选择(如图 2-3 所示)和多分支选择三种形式。在任何条件下,无论分支多少,只能选择其一。

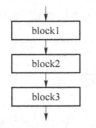

图 2-2 顺序结构流程图

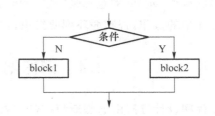

图 2-3 双分支选择结构流程图

3. 循环结构

循环结构表示程序反复执行某个或某些操作,直到某条件不成立时方可终止循环。

在循环结构中最主要的是:什么情况下执行循环? 哪些操作需要循环执行?

循环结构的基本形式有两种:当型循环和直到型循环。

当型循环:先判断条件,当满足给定的条件时执行循环体,并且在循环终端处流程自动返回到循环入口;如果条件不满足,则退出循环体,直接到达流程出口处。因为是"当条件满足时执行循环",即先判断后执行,所以称为当型循环,流程图如图 2-4 所示。

直到型循环:表示从结构入口处直接执行循环体,在循环终端处判断条件,如果条件满足,返回入口处继续执行循环体,直到条件不成立时退出循环到达流程出口处,是先执行后判断。因为是"直到条件不成立时为止",所以称为直到型循环,流程图如图 2-5 所示。

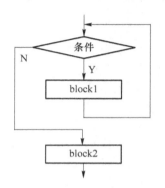 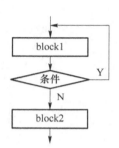

图 2-4　当型循环结构流程图　　　　图 2-5　直到型循环结构流程图

按循环的嵌套层次,循环可分为单循环结构和多循环结构。按循环体执行的条件性质,循环又可分为记数循环和条件循环。无论何种类型的循环结构,都要确保循环的重复执行能得到终止。

一个复杂的程序可以由顺序、选择和循环三种基本程序结构通过组合和嵌套构成,所以具有唯一入口和唯一出口,不会出现死循环。

结构化程序设计的整体思路清楚,目标明确;设计工作中阶段性非常强,有利于系统开发的总体管理和控制;在系统分析时可以诊断出原系统中存在的问题和结构上的缺陷。

本 章 小 结

本章初步介绍了算法的相关内容,包含算法的特性以及评价标准、算法的表示方法、结构化程序设计方法与基本结构。读者需要大概理解结构化程序设计的必要性以及基本结构,掌握算法的表示方法。

习 题

1. 完成本章学习之后,谈谈你对算法的理解。

2. 算法的特性有哪些?

3．如何评价一个算法的优劣？

4．算法有几种表示方法？分别是什么？分别具有什么特点？

5．结构化程序设计的原则是什么？为什么？

6．程序设计的基本结构有哪些？

第 3 章　顺序程序设计

通俗来说,程序设计就是以某种程序设计语言为工具,通过编写程序,最终采用程序解决特定问题的过程。编写 C 语言程序首先应该找出解决问题的方法(设计算法),然后运用 C 语言提供的功能(C 语言的语法),采用适当的方法(结构化程序设计的方法)编写出程序。

算法的种类很多,可以在学习基本语法的同时学习简单的算法,在编写简单程序的基础上培养编程的思想,逐步提升编程的能力。

3.1　顺序程序设计举例

【例 3-1】　计算球的体积。

```
01: #include<stdio.h>
02: #define PI 3.14
03: void main( )
04: {
05:     int r;
06:     float v;
07:     printf("请输入球的半径:");
08:     scanf("%d",&r);
09:     v=PI*r*r*r*4/3.0;
10:     printf("球的体积为%.2f\n",v);
11: }
```

【运行结果】　若输入 1,输出结果如下。

请输入球的半径:1

球的体积为 4.19

【程序分析】

(1) 02 行通过宏定义,定义了一个符号常量 PI 代表圆周率 3.14。那么,什么是符号常量? 在程序中能直接使用 3.14 吗?

(2) 08 行调用 scanf 输入函数,用户从终端输入球的半径。其中,& 是什么符号?

(3) 05 行和 06 行定义了球的半径 r 和体积 v,分别用了 int 和 float 说明,两者之间有什么区别?

(4) 09 行计算球的体积时,为什么写的是 4/3.0,而不是 4/3?

带着这些问题进入本章的学习。

3.2 数据的表现形式

通过例 3-1 我们知道,圆周率是一个在数学和物理学中普遍存在的数学常数,球的半径会根据实际情况发生改变。在计算机高级语言中,数据有两种表现形式:常量和变量。

3.2.1 常量和变量

1. 常量

常量是指在程序执行过程中,其值不发生改变的量。常量与数据类型结合起来,分为整型常量、实型常量、字符常量、字符串常量和符号常量。

(1) 整型常量

整型常量有三种表示形式:八进制、十进制和十六进制,如表 3-1 所示。

表 3-1　整型常量的表示形式

表示形式	特点	举例
八进制	以数字 0 开头,后紧跟由 0~7 数字组成的序列	如 021、-071 是合法的八进制整数,而 019 是非法的八进制整数
十进制	由 0~9 数字组成的序列	如 35、-62 都是合法十进制整数
十六进制	以数字 0 加字母 x 开头,后紧跟 0~9,a~f 组成的序列。注:字母不区分大小写	如 0x17、-0x3F 都是合法十六进制整数,分别代表十进制整数 23 和 -63

整型常量后还可以紧跟字母 L 或 U(不区分大小写),如 021L 表示长整型常量,35U 表示无符号整型常量,而 -26U 则不合法。无符号长整型常量需要在整型常量后加 LU 来表示。

(2) 实型常量

实型常量有两种表示形式:十进制小数形式和指数形式。

十进制小数形式由数字和小数点组成,如 3.14,-0.6,4. 等。注意,可以省略整数部分或小数部分的 0,如 0.0 可以写为 0. 或 .0,但不能同时省略整数和小数部分的 0。

指数形式,如 6.3e2,-4.5E-8 等。由于计算机输入/输出时,无法表示上角标和下角标,规定用字母 e 或 E 表示以 10 为底的指数。注意:e 或 E 前后都必须有数字,且其后必须为整数。

(3) 字符常量

字符常量有两种形式:普通字符和转义字符。不论是普通字符还是转义字符都必须用一对单引号括起来。

普通字符,如 'a' '7' '@' 等。注意:字符常量就是一个字符,不包含单引号,单引号只是界限符。所有字符在计算机中均以整数形式(字符的 ASCII 码)进行存储,常用字符和 ASCII 码对照表见附录 C。

转义字符,是以反斜线"\"开头的字符序列,有特定的含义,用于表示在屏幕上无法显示的"控制字符"。常见的转义字符及其含义如表 3-2 所示。

表 3-2　常见的转义字符及其含义

转义字符	字符值
\'	一个单引号(')
\"	一个双引号(")
\?	一个问号(?)
\\	一个反斜线(\)
\n	换行
\t	水平制表符
\b	退格
\f	换页
\a	警告
\o、\oo、\ooo,其中 o 代表一个八进制数字	与该八进制码对应的 ASCII 字符
\xh、\xhh,其中 h 代表一个十六进制数字	与该十六进制码对应的 ASCII 字符

转义字符'\101'中的八进制数 101 相当于十进制数 65,而 ASCII 码为 65 的字符就是'A',所以转义字符'\101'就是大写字母'A'。同理,'\x41'中的十六进制数 41 相当于十进制数 65,该转义字符也是大写字母'A'。

（4）字符串常量

字符串常量需要用一对双引号把若干字符组成的序列括起来,如"china""a+b"等。字符串常量是双引号括起来的全部字符,不包含双引号,双引号同样是界限符。注意:'a'是字符常量,"a"是字符串常量。

（5）符号常量

符号常量也称宏常量。用 #define 指令指定一个符号名称代表一个常量,如例 3-1 中, #define PI 3.14。

在预编译后,程序中的所有符号常量 PI 全部置换为 3.14。

2. 变量

变量是指在程序执行过程中,其值会发生改变的量,如例 3-1 中的 r 和 v。

变量必须遵循"先定义,后使用"的原则。在定义时指定变量的类型及名称。定义变量的语句格式:

数据类型　变量名 1[,变量名 2,…];

其中,方括号内的内容为可选项,也就是说,可以同时定义多个类型相同的变量,各变量名之间需要用逗号隔开。注意区分变量名和变量的值,这是两个不同的概念。一个变量名实际上代表了一个存储地址,该存储空间存放的数据即为变量的值。编译系统给每一个变量分配一个内存地址,通过变量名找到对应的存储空间,从而获取变量的值。

3. 关键字

关键字是 C 语言规定的具有特定意义的字符串,通常也称为保留字。所有关键字都由小写字母组成,包括数据类型关键字、控制语句关键字、存储类型关键字和其他关键字共 32 个,详见附录 A。

4．标识符

标识符是用来标识变量、符号常量、函数、数组、类型、文件等名称的有效字符序列。简单地说，标识符就是一个对象的名字。

C语言规定：

(1) 标识符只能由字母、数字和下划线组成，且第一个字符必须是字母或下划线。

(2) 不允许使用关键字作为用户标识符。

(3) 标识符不得与库函数重名。

(4) 标识符区分大小写。

(5) 标识符最好做到"见名知意"。

3.2.2　数据类型

不同的数据，在占用内存大小、存储方式、取值范围、可参与运算的种类等方面有所不同，为了有效组织数据，规范数据的使用，提高程序的可读性，对数据进行类型的区分。C语言提供的数据类型分类如图 3-1 所示。

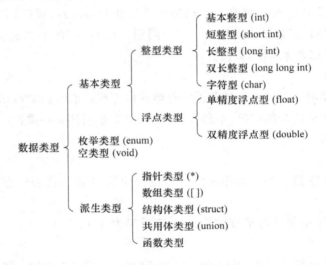

图 3-1　C语言中数据类型的分类

3.2.3　整型数据

整型数据分为基本整型(int)、长整型(long int 或 long)、短整型(short int 或 short)和双长整型(long long int 或 long long)。

各种类型数据所占存储空间大小由编译系统决定，没有统一的 C 标准。C 标准只要求 long 型数据长度不短于 int 型，short 型不长于 int 型，即：

sizeof(short)≤sizeof(int)≤sizeof(long)≤sizeof(long long)

sizeof 是一个单目运算符，用于计算类型或变量的长度。CodeBlocks 为基本整型分配 4 个字节的存储空间，所以 sizeof(int) 的结果是 4。

所有整型数据在存储单元中均以补码形式存放，所以存储空间大小就决定了值的范围。整型变量的值的范围如表 3-3 所示。

表 3-3 整型数据常见的存储空间和值的范围

类型	字节数	取值范围
int(基本整型)	4	$-2^{31} \sim (2^{31}-1)$
unsigned int(无符号基本整型)	4	$0 \sim (2^{32}-1)$
short(短整型)	2	$-2^{15} \sim (2^{15}-1)$
unsigned short(无符号短整型)	2	$0 \sim (2^{16}-1)$
long(长整型)	4	$-2^{31} \sim (2^{31}-1)$
unsigned long(无符号长整型)	4	$0 \sim (2^{32}-1)$
long long(双长整型)	8	$-2^{63} \sim (2^{63}-1)$
unsigned long long(无符号双长整型)	8	$0 \sim (2^{64}-1)$

在实际应用中,往往只有正数为了充分利用变量的值的范围,可以将变量定义为"无符号"类型,在类型符号前加修饰符 unsigned。例如:

```
short a;            //定义变量a为带符号短整型
unsigned short b;   //定义变量b为无符号短整型
```

变量 a 的取值范围为 $-32768 \sim 32677$,变量 b 的取值范围为 $0 \sim 65535$。

3.2.4 字符型数据

由于字符在计算机中均以整数形式(字符的 ASCII 码)进行存储,故 C99 把字符型数据作为整型类型的一种。

各种字符集的基本集都包括大写字母(A~Z)、小写字母(a~z)、数字字符(0~9)、空白字符(空格、水平制表符、垂直制表符、换行、换页)、专门符号(＋、－、＊、/、％等)以及不能显示的字符(回车、警告、退格等),共 128 个字符。

在 C 语言中,为一个字符分配一个字节的存储空间。

字符型 char 是英文 character 的缩写,定义一个字符变量的一般格式:

```
char ch;
```

其中,char 为变量的类型符号,ch 为变量名。

既然一个字符对应一个 ASCII 码,那么既可以把一个字符赋给字符变量,又可以把 0~127 之间的一个整数赋给字符变量。同理,输出一个字符型变量的值时,既可以以字符形式输出,又可以使用十进制整数形式输出。若为变量 ch 赋值为字符'A'或数字 65 是等价的,以字符形式输出的结果是 A,以十进制整数输出的结果是 65。

3.2.5 浮点型数据

在 C 语言中,实数以指数形式进行存储,小数点的位置可以浮动,所以实数的指数形式又被称为浮点数。在指数形式的多种表示方式中,把小数点前的数字为 0、小数点后第 1 位数字不为 0 的表示形式称为规范化的指数形式。一个实数只有一个规范化的指数形式。

浮点型包括单精度浮点型 float 和双精度浮点型 double。编译系统为 float 型变量分配 4 个字节的存储空间,为 double 型变量分配 8 个字节的存储空间。float 型数据能得到 6 位有效数字,double 型数据可以得到 15 位有效数字。实型变量的值的取值范围如表 3-4 所示。

表 3-4 实型数据的存储空间、有效数字及取值范围

类型	字节数	有效数字	取值范围(绝对值)
float	4	6	0 以及 $1.2 \times 10^{-38} \sim 3.4 \times 10^{38}$
double	8	15	0 以及 $2.3 \times 10^{-308} \sim 1.7 \times 10^{308}$

3.3 运算符和表达式

C 语言中的运算符种类丰富,根据运算对象的个数分为单目运算符、双目运算符和三目运算符。

根据运算符的性质分为算术运算符、关系运算符、逻辑运算符、赋值运算符、位运算符等。

C 语言不仅规定了运算符的优先级,还规定的运算符的结合性。在表达式求值时,先按照运算符的优先级从高到低的顺序依次执行;当一个运算对象两侧的运算符优先级别相同时时,再按照规定的结合方向决定先执行哪个运算符:如果是左结合性就先执行左边的运算符,如果是右结合性就先执行右边的运算符。

C 语言中常用运算符的优先级和结合性见附录 B。

3.3.1 算术运算符

基本算术运算符有加、减、乘、除等,如表 3-5 所示。

表 3-5 基本算术运算符及其含义

运算符	类型	含义
+	单目运算符	正号
—	单目运算符	负号
+	双目运算符	加法运算
—	双目运算符	减法运算
*	双目运算符	乘法运算
/	双目运算符	除法运算
%	双目运算符	求余运算
++	单目运算符	自加运算
——	单目运算符	自减运算

说明:

(1) 两个整数相除的结果为整数,舍去小数部分。例如,3/2 的结果为 1,2/3 的结果为 0,3.0/2 的结果是 1.5。

(2) % 运算符要求运算对象必须是整数,运算结果为整除得到的余数,余数的符号与被除数的符号相同。例如,3%2 的结果为 1,2%(−3) 的结果为 2,(−2)%3 的结果为 −2。

自加运算符使变量的值增加 1,自减运算符使变量的值减少 1。例如:

```
int i = 2;   ++i;    //经过自加,变量 i 的值由 2 变为 3。
int i = 2;   i++;    //经过自加,变量 i 的值由 2 变为 3。
int i = 2;   --i;    //经过自减,变量 i 的值由 2 变为 1。
int i = 2;   i--;    //经过自减,变量 i 的值由 2 变为 1。
```

但是,

```
int i = 2;   m = ++i;    //变量 i 的值由 2 变为 3,m 的值为 3。
int i = 2;   m = i++;    //变量 i 的值由 2 变为 3,m 的值为 2。
```

说明:

(1) 自加和自减运算符的运算对象只能是变量。

(2) ++和--作为前缀运算符(运算符在前,运算对象在后)使用时,先将运算对象的值增加 1 或减少 1,再使用运算对象的值。

(3) ++和--作为后缀运算符(运算符在后,运算对象在前)使用时,先使用运算对象的值,再将运算对象的值增加 1 或减少 1。

(4) ++和--作为前缀或后缀运算符使用时,运算对象的结果是一样的,都使变量的值增加 1 或减少 1。

思考: 若有定义语句"int x=3;",执行语句"y=-x++;"后,x 和 y 的值分别是多少?

自加运算符和负号都是单目运算符,优先级相同,此时只能根据运算符的结合性来确定运算顺序。单目运算符具有自右向左的结合性,所以 y=-x++ 等价于 y=-(x++),先取 x 的值 3 为表达式 x++ 的值,然后 x 自加变为 4,最后将表达式 x++ 的值取反赋给变量 y,最终 x 的值为 4,y 的值为-3。

思考: 若有定义语句"int x=3,y=4;",那么 x+++y 的值是多少?

用算术运算符和括号将运算对象连接起来的式子称为算术表达式。其中,运算对象包括常量、变量、函数等。

例如:根据三角形三条边的边长,计算三角形的面积。

$$s = \sqrt{p(p-a)(p-b)(p-c)},\text{其中 } p=(a+b+c)/2$$

面积计算公式的算术表达式可写为:s=sqrt(p*(p-a)*(p-b)*(p-c))。

其中,sqrt 是库函数中的一种数学函数,表示开平方运算。数学表达式 $p(p-a)(p-b)(p-c)$,其算术表达式可写为 p*(p-a)*(p-b)*(p-c),注意乘号 * 不能省略。

C 语言常用的标准库函数见附录 D。

使用标准数学函数时,需要在程序开头加上"#include<math.h>"预处理指令。

3.3.2 关系运算符

关系运算符包括大于、大于等于、小于、小于等于、等于和不等于,如表 3-6 所示。

说明:

(1) 关系运算符是双目运算符,运算方向自左向右,优先级低于算术运算符。

(2) ==和!=的优先级低于其余四个关系运算符。

表 3-6　关系运算符

运算符	含义
>	大于
>=	大于等于
<	小于
<=	小于等于
==	等于
! =	不等于

用关系运算符和括号将运算对象连接起来的式子称为关系表达式。关系表达式的值只有真和假两种,在 C 语言中,用 0 表示假,非 0 数值表示真。例如:

```
int a = 0, b = 1, c = 2;
```

表达式 a<=b 的值为 1,a<=c<=b 的值为 1。

关系运算符的运算方向自左向右,先计算表达式 a<=c 的值为 1,然后将表达式 a<=c 的值和 b 进行大小的比较,1<=1 表达式成立,所以结果为 1。

关系表达式通常用来表示判断条件是否成立,若关系表达式的值为真,则说明判断条件成立,否则说明判断条件不成立。

3.3.3　逻辑运算符

逻辑运算也称为布尔运算,包括逻辑与、逻辑或和逻辑非,如表 3-7 所示。

表 3-7　逻辑运算符

运算符	含义	结合性	类型	优先级
!	逻辑非	自右向左	单目运算符	高
&&	逻辑与	自左向右	双目运算符	↓
||	逻辑或	自左向右	双目运算符	低

说明:

(1) 逻辑运算符的优先级低于关系运算符。

(2) 3 个逻辑运算符的优先级各不相同,其中,逻辑非! 是单目运算符,优先级最高,其次是逻辑与,最后是逻辑非。

用逻辑运算符和括号将运算对象连接起来的式子称为逻辑表达式。逻辑表达式的值只有真和假两种。逻辑运算真值表如表 3-8 所示。

表 3-8　逻辑运算真值表

a	b	! a	a&&b	a||b
0	0	1	0	0
非 0	0	0	0	1
0	非 0	1	0	1
非 0	非 0	0	1	1

逻辑与 && 的运算特点:两个运算对象同时真,结果才为真,也可以表述为一假则假;逻辑或‖的运算特点:只要有一个运算对象为真,结果就为真,也可以表述为一真则真。例如:表达式 2&&3 的值为 1,6&&0‖8 的值为 1。

逻辑运算符具有"短路效应"的特点,即在逻辑表达式的求解中,并不是所有的运算符都被执行,只是在必须执行下一个逻辑运算符才能求出表达式的解时,才执行下一个运算符。例如:

```
X&&Y&&Z
```

只有 X 的值为真时,才计算 Y 的值;也只有 X 与 Y 的值都为真时,才计算 Z 的值;

```
X‖Y‖Z
```

只有 X 的值为假时,才计算 Y 的值;也只有 X 与 Y 的值都为假时,才计算 Z 的值;

逻辑表达式和关系表达式一样,通常用来表示判断条件是否成立,若逻辑表达式的值为真,则说明判断条件成立,否则说明判断条件不成立。

数学表达式 $x<y<z$ 表示 x 小于 y,并且 y 小于 z,逻辑表达式可写为:x<y&&y<z。

判断某一字符 ch 是否为大写字母,逻辑表达式可写为 ch>='A'&&ch<='Z'。

判断某一年 year 是否为闰年,满足以下两个条件之一即可:

(1) 能被 4 整除,但不能被 100 整除。

(2) 能被 400 整除。

描述这一判断条件需使用逻辑表达式,写为:

```
(year%4==0&&year%100!=0)‖(year%400==0)
```

3.3.4　赋值运算符

赋值运算就是将一个数据赋值给一个变量,赋值运算符为"="。

注意区分:赋值运算符"="与关系运算符"=="。

由赋值运算符将一个变量和一个表达式连接起来的式子,称为赋值表达式。一般形式为:变量=表达式。

说明:

(1) 赋值运算符左侧只能是一个变量,称为左值。

(2) 赋值运算符是双目运算符,运算方向自右向左。

(3) 除了逗号运算符,赋值运算符的优先级最低。

(4) 赋值表达式中的表达式又可以是一个赋值表达式。

例如:a=3, b=5>2, x=y=5%3;

把常量 3 赋给变量 a,把关系表达式 5>2 的值 1 赋给变量 b,表达式 x=y=5%3 等价于 x=(y=5%3),运算过程是先把 5%3 的结果 2 赋给 y,然后把 y 的值 2 赋给 x,所以 a 的值为 3,b 的值为 1,x 和 y 的值都是 2。

赋值表达式的作用就是将一个表达式的值赋给一个变量,因此赋值表达式的作用具有计算和赋值的双重功能。

赋值表达式为变量赋值,可以先定义变量再赋值。例如:

```
int a,b;
a = 3,b = 7;
```

也可以定义变量的同时赋初始值。例如:

```
int a = 3,b = 7;
```

如果对几个同类型的变量赋相同的初始值,可以写成:

```
int a,b,c;
a = b = c = 4;
```

或

```
int a = 4,b = 4,c = 4;
```

但不能写成:

```
int a = b = c = 4;
```

在赋值运算符=之前加上其他运算符可以构成复合赋值运算符,有关算术运算符的复合赋值运算符有"+=""-=""*=""%="和"/="。

```
a+ = b      等价于   a = a+b
y* = x+2    等价于   y = y*(x+2)
m% = 5      等价于   m = m%5
```

赋值表达式还可以包含复合赋值运算。例如:

```
a+ = a- = a*a
```

赋值运算符具有右结合性,复合赋值运算符同样具有右结合性,所以表达式a+=a-=a*a等价于a+=(a-=a*a)。若a的初始值为2,运算过程:先进行a-=a*a运算,表达式a-=a*a等价于a=a-a*a,得到a的值为-2;然后进行a+=a运算,相当于a=a+a,得到a的值-4,整个表达式计算结束。

3.3.5　逗号运算符

逗号运算符是","。在C语言中,多个表达式可以用逗号分开,用逗号分开的表达式的值分别计算,但整个表达式的值是最后一个表达式的值。

注意:逗号运算符在所有运算符中优先级别最低,运算方向从左向右,整个表达式的值是最后一个表达式的值。例如:

```
int x,y,a = 1,b = 2,c = 3;
x = a++,b--,c+1;
y = (a++,b--,c+1);
```

其中 x＝a＋＋,b－－,c＋1 包含三个表达式,第一个表达式是 x＝a＋＋,第二个表达式是 b－－,第三个表达式是 c＋1,三个表达式用逗号运算符分开,所以 a、b、c 和 x 的值分别是 2、1、3 和 1,整个表达式的值为 c＋1 的结果 4。

经过上一步运算后计算 y 的值。y＝(a＋＋,b－－,c＋1)是一个赋值表达式,赋值符号右侧的括号内包含由逗号分开的三个表达式,分别是 a＋＋、b－－和 c＋1。y 的值即第三个表达式 c＋1 的值,所以 a、b、c 和 y 的值分别是 3、0、3 和 4。

再看一个例题:

```
int n = 4,m;
m = (n++,n++,n++);
```

m＝(n＋＋,n＋＋,n＋＋)是一个赋值表达式,赋值运算符右侧的括号内包含由逗号分开的三个表达式,第三个表达式 n＋＋的值即为 m 的值。计算过程:n 经过两次自加后值为 6,然后计算第三个表达式 n＋＋,先取 n 的值作为第三个表达式的值,然后 n 自加,最后将第三个表达式的值赋给 m,所以 m 的值为 6,n 的值为 7。

3.3.6 数据类型转换

数据类型转换就是将数据(变量、数值、表达式的结果等)从一种类型转换为另一种类型。数据类型的转换方式有两种:自动类型转换和强制类型转换。

1. 自动类型转换

在赋值运算中,如果赋值运算符两侧的数据类型不同时,将会发生自动类型转换,即将右侧表达式的值的类型转换为左侧变量的类型。例如:

```
int n = 12.6;
```

12.6 为实数,先将实数转换为整数 12,然后赋给变量 n,所以 n 的值为 12。

```
float f = 36;
```

36 是整数,先将整数转换为 float 类型,然后赋给变量 f,所以 f 的值为 36.0。

在自动类型转换时,可能会导致数据失真,或数据精确度的降低,所以自动类型转换不一定是安全的。

在不同类型的混合运算中,也会发生自动类型转换,将参与运算的所有数据先转换为同一类型,然后进行计算。在类型转换过程中按数据长度增加的方向进行,从而保证数据不失真,或数据的精确度不降低。数据类型的转换规则如图 3-2 所示。

图 3-2　类型转换规则

2. 强制类型转换

根据需要,程序员在代码中显示地进行类型转换,称为强制类型转换。

自动类型转换是一种隐式地转换方式,不需要程序员干预,不需要在代码中体现出来;强制类型转换是一种显式地转换方式,需要程序员的干预,需要使用强制类型转换运算符。

强制类型转换的一般形式:

```
(类型名)(表达式)
```

例如:

```
float a = 3.6, b = 6.9;
int c;
c = a + (int)(a + b) % 3/2;
```

a 和 b 都是 float 类型变量,a+b 的结果是 double 类型,要进行求余运算,所以先进行强制类型转换(int)(a+b),将 a+b 的结果转换为整型后的结果为 10,10%3/2 的结果依然是整型,值为 0。加上 float 类型的变量 a 后,结果是 double 类型,值为 3.6,赋给整型变量 c,类型自动转换,所以 c 的值为 3。

3.4 C 语句

一个 C 程序由若干个源程序文件组成,源文件的基本组成单位是函数。一个函数由函数首部和函数体组成,函数体包含一组实现函数功能的语句。语句的作用是向计算机系统发出操作指令,要求执行相应的操作。

在 C 程序中,分号是语句结束符,也就是说,每个语句必须以分号结束。

C 语句按功能分为以下五类。

1. 控制语句

控制语句用于完成一定的控制功能。包括 if-else 条件语句、switch 多分支选择语句、while 循环语句、do-while 循环语句、for 循环语句、continue 和 break 循环结束语句、return 函数返回语句等。

2. 函数调用语句

函数调用语句由一个函数调用加一个分号构成。例如:

```
printf("hello world!");
```

其中,printf 是一个输出函数。

3. 表达式语句

表达式语句由一个表达式加一个分号构成。赋值表达式加一个分号构成赋值语句,这是最典型的表达式语句。变量自加后加一个分号,例如,i++;也是一个简单的表达式语句。

4. 空语句

空语句由一个分号组成,不执行任何操作,在程序中可用作循环体。

5. 复合语句

复合语句也称为语句块,它使用花括号将若干条语句和声明组成一个语句,其一般形式:

```
{
    语句 1;
    语句 2;
    …
    语句 n;
}
```

注意:复合语句内的各条语句必须以分号";"结束;复合语句以"}"结束,无须分号作为结束符;C语言中把复合语句看作一条语句。

3.5 数据的输入输出

几乎每个 C 程序都包含输入输出,输入输出是程序中最基本的操作之一。C 语言本身不提供输入输出语句,输入输出操作由 C 标准函数库中的函数实现。

C 提供的标准函数以库的形式在 C 的编译系统中提供,不同的编译系统提供的系统函数库不同,但都包含了 C 语言建议的全部标准函数,包括格式输入、格式输出、字符输入、字符输出、字符串输入、字符串输出等。

在使用系统库函数时,要在程序文件的开头加上预处理指令♯include,以便将所需的头文件包括到用户源文件中。"stdio.h"头文件中包含了标准输入输出(standard input & output)函数的有关信息,所以在文件开头应该有预处理指令:

```
♯include<stdio.h>
```

3.5.1 输出数据

printf 是格式输出函数,用来向终端输出数据,在使用时必须根据数据的类型指定输出格式。

printf 函数的一般格式:

printf(格式控制,输出表列)

格式控制是由双引号括起来的字符串,包含格式声明、转义字符和普通字符。

格式声明由"%"和格式字符组成,如%d、%f 等,它的作用是将数据按照指定的格式输出。

转义字符用于控制输出的格式。

普通字符在输出时按原样输出。

输出表列是一些要输出的数据,可以是常量、变量或表达式。

例如:

```
printf("x=%d,f=%f\n",x,f);
```

表示将变量 x 以整数形式输出,变量 f 以小数形式输出。

```
printf("x=%d,f=%f\n",x,f);
```

其中,%d 和%f 是格式声明,\n 是转义字符,x=,f=是普通字符,x,f 是输出表列。

再例如:

```
printf("hello world!");
```

格式控制字符串中没有格式声明和转义字符,只有普通字符,所以原样输出,输出的结果是 hello world!。

表 3-9　printf 函数中用到的格式字符

格式字符	说　明
d,i	以带符号的十进制整数形式输出
u	以无符号的十进制整数形式输出
o	以无符号的八进制整数形式输出,不输出前导 0
X,x	以无符号的十六进制整数形式输出,不输出前导 0x,用 x 时以小写字母输出,用 X 时以大写字母输出
c	以字符形式输出
s	以字符串形式输出
f	以小数形式输出实数,隐含输出 6 位小数
E,e	以指数形式输出实数,用 e 时以小写字母表示指数,用 E 时以大写字母表示指数
%	输出百分号%

格式声明中,%和格式字符之间可以插入格式修饰符,用于指定输出数据的宽度、精度、对齐方向等。

表 3-10　printf 函数中用到的格式修饰符

字符	说　明
l	用于输出.long 型数据,可加在格式字符 d、o、x、u 之前
m(正整数)	用于指定输出数据的最小宽度
.n(正整数)	对于浮点数,用于指定输出小数位数;对于字符串,用于指定输出字符个数
—	输出的数字或字符左对齐

这两个表是备查用的,不必死记硬背。开始时会用比较简单的形式输入数据即可。

【例 3-2】

```
01： # include< stdio. h>
02： int main( )
03： {
04：    int a = 3,b = 2516;
05：    float f = 3.1415926;
06：    printf("a = % − 5d,a = % 5d\n",a,a);
07：    printf("b = % 2d\n",b);
08：    printf("f = % 6.2f\n",f);
09：    return 0;
10： }
```

【运行结果】

```
a=3   ,a=    3
b=2516
f=  3.14
```

【程序说明】

（1）06 行，格式控制字符串"a=％－5d,a=％5d\n"中％5d,以十进制整数形式输出，默认输出右对齐，设置输出宽度为 5，如果实际宽度不足 5 则左边补空格；％－5d 输出设置为左对齐，右边补空格。

（2）07 行，格式控制字符串"b=％2d\n"中％2d,设置输出最小宽度为 2，如果实际宽度超出 2 则以实际宽度输出。

（3）08 行，格式控制字符串"f=％6.2f\n"中％6.2f,以小数形式输出，设置输出宽度为 6，小数点后保留 2 位。若 f 小数点后不够 2 位则右边补 0，否则将第 3 位四舍五入；设置宽度 6 大于 3.14 的实际宽度 4，照常输出，否则以实际宽度输出。

注意：输出对象应与格式声明的个数一致、类型匹配。

3.5.2 输入数据

scanf 是格式输入函数，用于从终端输入数据，在使用时要求按照指定格式输入数据。

scanf 函数的一般格式：

scanf(格式控制,地址表列)

格式控制与 printf 函数中的格式控制含义相同，需要用双引号括起来，由若干格式声明、转义字符和普通字符构成，其作用是控制转换输入数据的类型。

地址表列由若干地址构成，可以是变量的地址，也可以是字符串的首地址。

例如：

```
scanf("x=％d,y=％c,z=％f\n",&x,&y,&z);
```

表示将变量 x、y 和 z 分别以整数形式、字符形式和小数形式输入。

```
scanf("x=％d,y=％c,z=％f\n",&x,&y,&z);
```

其中，％d、％c 和％f 是格式声明，\n 是转义字符，x=,y=,z=是普通字符，加下划线的部分是地址表列。

表 3-11 scanf 函数中用到的格式字符

格式字符	说 明
d,i	输入带符号的十进制整数
u	输入无符号的十进制整数
o	输入无符号的八进制整数
X,x	输入无符号的十六进制整数
c	输入一个字符
s	输入字符串，以第一个空白字符(空格、回车、Tab 键)结束
f,E,e	以小数或指数形式输入实数
％	输入一个百分号％

与 printf 函数一样,在格式声明中,%和格式字符之间可以插入格式修饰符。

表 3-12　scanf 函数中用到格式修饰符

字　符	说　明
l	用于输入 long 型数据,可加在格式字符 d、o、x、u 之前;用于输入 double 型数据,可加在格式字符 f、e 之前
h	用于输入 short 型数据,可加在格式字符 d、i、o、x 之前
m(正整数)	用于指定输入数据的宽度
*	表示对应的输入项在读入后不赋给相应的变量

【例 3-3】

```
01: #include<stdio.h>
02: void main( )
03: {
04:     int x,y,z;
05:     printf("请输入 x y z 的值:");
06:     scanf("x=%d,y=%d,z=%d\n",&x,&y,&z);
07:     printf("x=%d,y=%d,z=%d",x,y,z);
08: }
```

【程序说明】

(1) 06 行,在格式控制字符串中除了有格式声明%d,还有转义字符\n 和普通字符 x=,y=,z=,则在输入数据时,在对应位置上输入与这些字符相同的字符。所以正确的输入形式为:

x=1,y=2,z=3\n

输出结果为:

x=1,y=2,z=3

(2) 若将 06 行更改为:scanf("%d,%d,%d",&x,&y,&z),原因同上,正确的输入形式为:
1,2,3

(3) 若将 06 行更改为:scanf("%d%d%d",&x,&y,&z),则在输入数据时,用空白字符分隔数据,正确的输入形式为:
1♡2♡3
其中♡代表空白字符(空格、回车、Tab 键)。

【例 3-4】

```
01: #include<stdio.h>
02: void main( )
03: {
04:     char x,y,z;
05:     printf("请输入三个字符:");
06:     scanf("x=%c,y=%c,z=%c\n",&x,&y,&z);
07:     printf("x=%c,y=%c,z=%c",x,y,z);
08: }
```

【程序说明】

（1）06 行,在格式控制字符串中除了有格式声明%C,还有转义字符\n 和普通字符 x＝,y＝,z＝,则在输入数据时,在对应位置上输入与这些字符相同的字符。所以,正确的输入形式为:

```
x = A,y = B,z = C\n
```

输出结果为:

```
x = A,y = B,z = C
```

（2）若将 06 行更改为 scanf("%c,%c,%c",&x,&y,&z),原因同上,正确的输入形式为:

```
A,B,C
```

（3）若将 06 行更改为 scanf("%c%c%c",&x,&y,&z),正确的输入形式为:

```
ABC
```

若输入

```
A□C
```

其中□代表空格,则输出结果为:

```
x = A,y = □,z = C
```

3.5.3 字符的输入输出

除了可以用 scanf 函数和 printf 函数输入输出字符,C 的标准库函数还提供了字符输入输出的专用函数。

1. 字符输出函数 putchar()

putchar 函数用于向终端输出一个字符。

一般形式:

```
putchar(ch)
```

ch 可以是一个字符常量,也可以是一个字符型变量。

【例 3-5】

```
01: #include<stdio.h>
02: void main( )
03: {
04:     char x = 'O',y = 'K';
05:     int z = 97;
06:     putchar(z);
07:     putchar('\n');
08:     putchar(x);
09:     putchar(y);
10: }
```

【运行结果】

```
a
OK
```

【程序说明】

（1）字符类型也属于整型类型，所以可以将一个字符赋给整型变量，也可以将一个0～127之间的整数赋给一个字符变量。putchar函数是字符输出函数，所以可以将0～127之间的整数以ASCII码的形式输出。

（2）putchar函数不仅可以输出字符常量、字符变量，还可以输出值在0～127之间的整型常量和整型变量。

（3）putchar函数还可以输出转义字符。

2. 字符输入函数getchar()

getchar函数用于从终端读入一个字符。

一般形式：

getchar()

【例3-6】

```
01: #include<stdio.h>
02: void main( )
03: {
04:     char x;
05:     printf("请输入一个字符：");
06:     x = getchar();
07:     printf(" * * * ");
08:     putchar(x);
09:     printf("Hello");
10: }
```

【运行结果】

```
若输入空格，则输出：
 * * * Hello
若按TAB键输入，则输出：
 * * *     Hello
若输入回车，则输出：
 * * *
Hello
若输入A，则输出：
 * * * AHello
```

【程序说明】

（1）从键盘敲入的字符会暂存在键盘的缓冲器中，回车后才会送入计算机，并按先后顺序分别赋给相应变量。

（2）getchar 函数可以从终端获得空白字符（空格、回车、Tab 键）。

（3）通常将终端输入的字符赋给一个字符变量或整型变量，也可以直接输出。例如：

```
putchar(getchar());
```

3.6 顺序结构

顺序结构的程序设计是最简单的，只要按照程序自上而下的顺序依次执行即可。

【例 3-7】 输入一个三位的正整数，求其个位、十位和百位上的三位数字之和。

【程序分析】

先调用输入函数 scanf 获得一个三位的正整数，然后计算个位、十位、百位上的数字，接着求和，最后输出结果。对应的程序流程图如图 3-3 所示。

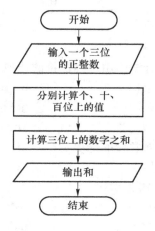

图 3-3 程序流程图

根据程序流程图写出代码。

```
01：#include<stdio.h>
02：void main( )
03：{
04：    int num,x,y,z,sum;
05：    printf("请输入一个三位的正整数：");
06：    scanf("%d",&num);
07：
08：    x = num%10;
09：    y = num/10%10;
10：    z = num/100;
11：
12：    sum = x + y + z;
13：    printf("三位数字之和：%d",sum);
14：}
```

【运行结果】 若输入 123 回车,输出结果:

请输入一个三位的正整数:123
三位数字之和:6

本 章 小 结

本章简单叙述了整型、浮点型、字符型多种数据类型之间的差异;重点介绍了算术运算符、关系运算符、逻辑运算符、赋值运算符及表达式的使用,需要注意运算符的优先级和结合性;详细介绍了标准库函数中的输入输出函数及使用注意事项;最后介绍了采用顺序结构进行程序设计的方法。

习 题

1. 单选题。

(1) 下面四个选项中,均是不合法的用户标识符的选项是(　　)。

A. A	B. float	C. b-a	D. -123
P_0	la0	goto	temp
Do	_A	int	INT

(2) 下面四个选项中,均是正确常量的选项是(　　)。

A. 0.0	B. "a"	C. '3'	D. +001
0f	3.9E-2.5	011	0xabcd
8.9e	le1	oxFF00	2e2
'&'	'\''	0a	50

(3) 设有定义:int x=2;,则以下表达式中,值不为 6 的是(　　)。

A. x*=x+1

B. x++,2*x

C. x*=(1+x)

D. 2*x,x+=2

(4) 当变量 c 的值不为 2、4、6 时,值也为"真"的表达式是(　　)。

A. (c==2)‖(c==4)‖(c==6)

B. (c>=2&&c<=6)‖(c!=3)‖(c!=5)

C. (c>=2&&c<=6)&&!(c%2)

D. (c>=2&&c<=6)&&(c%2!=1)

(5) 已知字母 A 的 ASCⅡ代码值为 65,若变量 XK 为 char 型,以下不能正确判断出 XK 的值为大写字母的表达式是(　　)。

A. XK>='A'&&XK<='Z'

B. !(XK>='A'‖XK<='Z')

C. (XK+32)>='a'&&(XK+32)<='z'

D. isalpha(XK)&&(XK<91)

2. 若有定义 int a＝7;float x＝2.5,y＝4.7;则表达式 x＋a％3 * (int)(x＋y)％2/4 的值是(　　)。

3. 计算表达式 3.6－5/2＋1.2＋5％2 的值。

4. 整数 1＋2＝3,那么'1'＋'2'＝'3'吗? 说明原因。

5. 计算下列各表达式的值。设 x＝2,y＝1,z＝0。

(1) x＞y!＝z

(2) z＝x＜y

(3) x＞＝z＞＝y

(4) x＝z&&x||y

(5) ！x&&y＞z

(6) ！x||(x＞y)＋1&&x＜y

(7) x * ＝x＋＝x－＝3％x

6. 编写程序,输出:123 \"\\。

7. 编写程序,从键盘接收三个整数,计算并输出这三个整数的和。

8. 从键盘输入一个小写字母,输出该小写字母及对应的大写字母。

9. 从键盘输入两个整数 a 和 b,然后将 a 和 b 的值互换后输出。

10. 编写程序,计算三角形的面积。

第4章 选择结构程序设计

选择结构离不开判断。在现实生活中,需要进行判断和选择的情况很多。例如:红灯停,绿灯行,黄灯亮了等一等。通常,我们在选择之前会设定判断条件(灯的颜色),选择结构通过判断条件是否成立,来决定执行哪一个分支(停/行/等一等),所以选择结构又称为分支结构。实现选择结构的语句分成两大类:if 语句和 switch 语句。

4.1 if 单分支选择语句

很多人小时候都有类似的经历,每次考试之前,家长总会说,如果你能考 100 分的话就给买玩具。那么在 C 语言中,这种语句该如何表达呢? 这就要用到分支结构中的 if 语句。

if 单分支选择语句的基本格式:

```
if(表达式)
    语句
```

说明:

(1) 表达式一般为逻辑表达式或关系表达式;也可以为其他表达式、常量或变量。

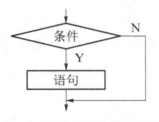

图 4-1 if 单分支选择结构流程图

(2) 表达式的值为非 0 数值时表示"真",即判断条件成立;表达式的值为 0 时表示"假",即判断条件不成立。

(3) 语句可以是单条语句,也可以是复合语句。

if 单分支选择语句的执行过程:计算表达式的值,如果表达式的值为真,即判断条件成立,则执行其后的语句,否则不执行。其执行流程如图 4-1 所示。

那么考试成绩为 100 分就买玩具,用代码就可以表示为:

```
01: if(results == 100)
02: {
03:     Printf("%s\n","买玩具");
04: }
```

注意:if()后面没有分号,直接写{}。

在此例题中,花括号内只有一条语句,所以该花括号可以省略不写,否则不能省略。

if 单分支结构通常用在数据有默认值或事件有默认操作的前提下,对特殊情况进行特殊处理的场景。

【例 4-1】 一公园门票正常价格是 80 元,老人(≥60 岁)或儿童(≤10 岁)门票半价,输出每个游客的年龄和相应门票的价格。

【程序分析】

首先设置门票价格 price 为 80,然后输入游客年龄 age,判断 age≥60 或者 age≤10 的条件是否成立,若条件成立则价格减半,否则什么都不执行,最后输出结果。由此画出图 4-2 所示程序流程图。

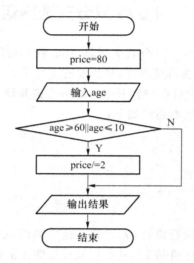

图 4-2　例 4-1 程序流程图

根据流程图,写出对应的程序。

```
01: #include<stdio.h>
02: void main()
03: {
04:     int age,price = 80;
05:     printf("请输入游客的年龄:");
06:     scanf("%d", &age);
07:     if(age >= 60||age <= 10)
08:         price/ = 2;
09:     printf("该游客的年龄%d岁,票价%d元\n",age,price);
10: }
```

【运行结果 1】　游客年龄 35 岁,输出结果:

```
请输入游客的年龄:35
该游客的年龄 35 岁,票价 80 元
```

【运行结果 2】　游客年龄 6 岁,输出结果:

```
请输入游客的年龄:6
该游客的年龄 6 岁,票价 40 元
```

【运行结果 3】　游客年龄 72 岁,输出结果:

请输入游客的年龄:72
该游客的年龄72岁,票价40元

4.2 if-else 双分支选择语句

考试之前,家长会说,如果考100分就买玩具,那么我们会问,如果考不了100分呢? 家长这时会说,考不了也没关系,下次再接再厉,只是没有奖励了。

根据上述情况,在C语言中就要用到if-else双分支选择语句。

if-else双分支选择语句的基本格式如下:

```
if(表达式)
    语句1
else
    语句2
```

if-else双分支选择语句的执行流程:先计算表达式的值,如果表达式的值为真,即判断条件成立,则执行语句1,否则执行语句2。其执行流程如图4-3所示。

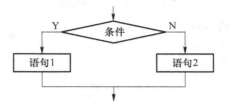

图4-3 if-else双分支选择结构流程图

那么,考试成绩如果为100分就买玩具,否则没有奖励,用代码可以表示为:

```
01: if(results == 100)
02: {
03:     printf("%s\n","买玩具");
04: }
05: else
06: {
07:     printf("%s\n","没有奖励");
08: }
```

注意:

(1) if()后面没有分号,直接写{},else后面也没有分号,直接写{}。

(2) if-else双分支选择语句也可以拆写成两个if单分支选择语句。

```
01: if(results == 100)
02: {
03:      printf(" % s\n","买玩具");
04: }
05: if(results < 100)
06: {
07:      printf(" % s\n","没有奖励");
08: }
```

由于表达式的值在逻辑上只有真和假,故 if 和 else 在执行流程上是互斥的,执行且只能执行两者中的一个。

【例 4-2】 从键盘输入任意一个整数,求其绝对值并输出。

【程序分析】

正整数和零的绝对值是其本身,负整数的绝对值是其相反数,所以求绝对值操作可分为该整数是非负数和负数两种情况考虑,故可使用 if-else 结构实现。由此画出图 4-4 所示程序流程图。

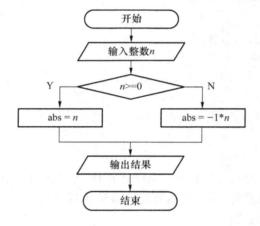

图 4-4　例 4-2 程序流程图

根据流程图,写出对应的程序如下:

```
01: # include < stdio. h>
02: int main()
03: {
04:      int n,abs;
05:      printf("请输入一个整数:");
06:      scanf(" % d",&n);
07:      if(n > = 0)
08:          abs = n;
09:      else
10:          abs = - 1 * n;
11:      printf (" % d 的绝对值是 % d\n",n,abs);
12:      return 0;
13: }
```

【运行结果 1】 若输入 3 回车,输出结果:

```
请输入一个整数:3
3 的绝对值是 3
```

【运行结果 2】 若输入—5 回车,输出结果:

```
请输入一个整数:—5
—5 的绝对值是 5
```

【程序分析】

对例 4-2 再做程序分析:首先输入一个整数,并设置该整数的绝对值是其本身;然后判断该整数是否为负数,若条件成立则绝对值是其相反数,否则什么都不执行;最后输出结果。所以例 4-2 也可以使用 if 单分支选择语句实现,写出对应的程序如下:

```
01: #include<stdio.h>
02: int main()
03: {
04:     int n,abs;
05:     printf("请输入一个整数:");
06:     scanf("%d",&n);
07:     abs = n;
08:     if(n<0)
09:         abs = -1*n;
10:     printf("%d 的绝对值是 %d\n",n,abs);
11:     return 0;
12: }
```

C 语言提供了一种称为条件运算符的特殊运算符,又称问号运算符,该运算符是唯一一个要求有三个运算对象的运算符,即三目运算符。该运算符由"?"和":"两个符号构成,把三个运算对象隔开,形成条件表达式。

条件表达式的基本格式:

表达式? 语句 1:语句 2

条件表达式的执行流程:先判断问号前面的表达式的值是否为真,若表达式的值为真,则执行语句 1,否则执行语句 2。当条件表达式的结果参与运算时,如果表达式的值为真,则语句 1 的结果作为整个条件表达式的值参与运算;否则,取语句 2 的结果作为整个条件表达式的值参与运算。

条件表达式与 if-else 的等价关系如下:

```
01: if(表达式)
02: {
03:     语句 1;
04: }
05: else
06: {
07:     语句 2;
08: }
```

注意:

(1) 条件运算符"?:"的优先级高于赋值运算符"="的优先级。

(2) 条件运算符的结合性是从右向左。

【例4-3】 分析以下程序的功能。

```
01: # include< stdio.h>
02: int main()
03: {
04:     int n,abs;
05:     printf("请输入一个整数:");
06:     scanf("%d",&n);
07:     (n>=0)? (abs=n);(abs=-1*n);
08:     printf("%d 的绝对值是:%d\n",n,abs);
09:     return 0;
10: }
```

该程序的功能是:从键盘输入一个整数,使用条件表达式语句,计算其绝对值并输出。若该整数为非负数,则其绝对值为其本身;若该整数为负数,则其绝对值为其相反数。

若条件表达式 $n \geqslant 0$ 的值为真,即 n 为非负数时,则选择执行语句1,即 abs=n;若 $n \geqslant 0$ 为假,即 n 为负数时,则选择执行语句2,即 abs=$-n$。

07 行代码可以更改为:abs = (n>=0)? n;(-1*n);

4.3　if 多分支选择语句

我们通过两种情形大概了解一下什么是 if 多分支选择语句。

情形一:考试之前,家长说了,如果考 90 分及以上的话买玩具,如果考 70~90 分的话吃大餐,否则没有奖励。

情形二:考试之前,家长说了,如果考 90 分及以上的话就吃大餐,否则没有奖励;如果考 90 分及以上并且荣获班级前三名的话还可以买玩具。

那么,针对以上两种多重条件的情况,在 C 语言中就要用到多重 if-else 语句,即 if 多分支选择语句,又称为 if 语句的嵌套。

可以在 if 中嵌套 if-else 语句,也可以在 else 中嵌套 if-else 语句。

首先对情形一进行分析:若考试成绩为 90 分及以上就买玩具;若成绩低于 90 分但在 70 分及以上就可以吃大餐;若成绩低于 70 分则没有奖励。根据语义描述,划分成了三个没有重叠的成绩段,每个成绩段又有不同级别的奖励,如图 4-5 所示。

图 4-5　情形一不同成绩段及对应奖励

根据程序分析画出对应的流程图,如图 4-6 所示。

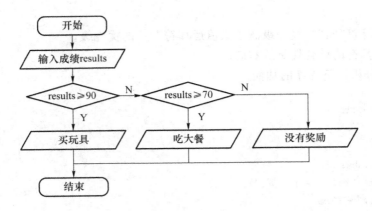

图 4-6　情形一程序流程图(一)

根据流程图,写出对应的代码如下:

```
01：#include<stdio.h>
02：int main()
03：{
04：    int results;
05：    printf("请输入成绩:");
06：    scanf("%d",&results);
07：    if(results>=90)
08：    {
09：        printf("%s\n","买玩具");
10：    }
11：    else if(results>=70)
12：        {
13：            printf("%s\n","吃大餐");
14：        }
15：        else
16：        {
17：            printf("%s\n","没有奖励");
18：        }
11：    return 0;
19：}
```

【运行结果 1】　若输入 92 回车,输出结果:

请输入成绩:92
买玩具

【运行结果 2】　若输入 86 回车,输出结果:

请输入成绩:86
吃大餐

注意：

（1）在嵌套结构中会有多个 if 与多个 else 关键字，每一个 else 都应有对应的 if 相配对。原则：else 与其前面最近的尚未配对的 if 相配对。

（2）配对的 if-else 语句可以看成一条简单语句。

（3）一条 if 语句也可以看成一条简单语句。

4.4　switch 多分支语句

嵌套的 if 语句可以处理多分支的情况，但是嵌套的层数越多，程序的可读性越差。因此，C 语言还提供了 switch 语句，可用于处理多分支选择的情况。

```
switch 语句的基本格式：
switch(表达式)
{
    case 常量1：语句1;[break;]
    case 常量2：语句2;[break;]
    …
    case 常量n：语句n;[break;]
    default：语句 n+1;
}
```

说明：

（1）switch 后面括号内表达式可以是关系表达式、逻辑表达式，甚至是赋值表达式、常量或变量，但表达式的值只能是整型或者字符类型。

（2）switch 下面的花括号是一个复合语句，构成 switch 语句的语句体。

（3）switch 语句的语句体包含多个以 case 开头的语句行，可能包含一个以 default 开头的语句行。

（4）每个 case 后紧跟一个常量（或常量表达式），各常量的值互不相同，从而起到标记的作用，用于表示程序执行的流向。

（5）若 case 子句后没有 break 语句会一直向后执行，直到遇到 break 跳出 switch 语句，即多个 case 可以执行同一语句序列。

（6）default 子句可以省略，但一般保留。

（7）各 case 子句和 default 子句的先后顺序可以变动，而不会影响程序执行结果。

switch 多分支选择语句的执行流程：先计算 switch 后面括号内表达式的值，然后将它与各 case 后面的常量进行比对，若与某一个常量相同，则执行该 case 后的语句，遇到 break 结束 switch 语句的执行；若没有与 switch 表达式相同的常量，则执行 default 后面的语句。

【例 4-5】　将百分制成绩划分为 A~D 四个等级，等级划分方式如下：

90~100 等级为 A，

80~89 等级为 B，

60~79 等级为 C，

低于 60 等级为 D。

若小明考试分数为 87 分,请编写代码使其输出结果:等级 B。

```
01: # include < stdio.h>
02: int main()
03: {
04:     int score = 87;  //考试分数为 87 分
05:     score = score/10;
06:     switch(score)
07:     {
08:         case 10:
09:         case 9:
10:             printf("等级 A");break;
11:         case 8:
12:             printf("等级 B"); break;
13:         case 7:
14:         case 6:
15:             printf("等级 C");break;
16:         default:
17:             printf("等级 D");
18:     }
19:     return 0;
20: }
```

【运行结果】

等级 B

思考:

(1) case 10 和 case 6 的后面为什么没有语句? 采用这种方式有什么好处?

(2) 相对于嵌套的 if 语句有什么好处?

(3) 若误操作,小明成绩为 112 分或 −3 分,程序该如何修改。

【例 4-6】 请使用 switch 语句,计算 2008 年 8 月 8 日是该年中的第几天。

【程序分析】

(1) 8 月 8 日,应该先把前 7 个月的天数加起来,然后加上 8 天即本年的第几天。

(2) 特殊情况:在计算闰年的时候,2 月是 29 天。

```
01: # include < stdio.h>
02: int main()
03: {
04:     int year = 2008,month = 8,day = 8;
05:     int sum,flag;
06:     switch(month)
07:     {
08:         case 1:sum = 0;break;
09:         case 2:sum = 31;break;
```

```
10:        case 3:sum = 59;break;
11:        case 4:sum = 90;break;
12:        case 5:sum = 120;break;
13:        case 6:sum = 151;break;
14:        case 7:sum = 181;break;
15:        case 8:sum = 212;break;
16:        case 9:sum = 243;break;
17:        case 10:sum = 273;break;
18:        case 11:sum = 304;break;
19:        case 12:sum = 334;break;
20:        default:printf("一年当中只有12个月哦");
21:    }
22:    sum = sum + day;
23:    if(year % 400 == 0||year % 4 == 0&&year % 100! = 0)
24:        flag = 1;
25:    else
26:        flag = 0;
27:    if(flag == 1&&month > 2)
28:        sum ++;
29:    printf("%d年%d月%d日是该年的第%d天",year,month,day,sum);
30:    return 0;
31:}
```

【运行结果】

2008 年 8 月 8 日是该年的第 221 天

思考：如何使用嵌套的 if 语句实现例 4-7?

本 章 小 结

本章主要介绍了选择结构,从最简单的 if 单分支选择结构到 if-else 双分支选择结构,再到 if 多分支选择结构,最后到 switch 多分支选择结构,读者需要掌握以下两点:①选择条件的设定,即什么情况下该用什么结构;②分支结构和多分支结构的执行过程。

习　　题

1. 单选题。

（1）有如下嵌套的 if 语句

```
if(a < b)
if(a < c)   k = a;
else   k = c;
```

```
else
if(b < c)  k = b;
else  k = c;
```

以下选项中与上述 if 语句等价的语句是（   ）。

A. k = (a < b)? a:b;k = (b < c)? b:c;

B. k = (a < b)? ((b < c)? a:b):((b < c)? b:c);

C. k = (a < b)? ((a < c)? a:c):((b < c)? b:c);

D. k = (a < b)? a:b;k = (a < c)? a:c;

(2) 以下选项中与 if(a= =1) a=b; else a++;语句功能不同的 switch 语句是（   ）。

A. switch(a)
   { case 1:a = b; break;
    default : a ++ ;
   }

B. switch(a = = 1)
   { case 0 : a = b; break;
    case 1 : a ++ ;
   }

C. switch(a)
   { default : a ++ ; break;
    case 1:a = b;
   }

D. switch(a = = 1)
   { case 1:a = b; break;
    case 0 : a ++ ;
   }

2. 填空题。

(1) 以下程序段的输出结果是（   ）。

```
int a = 3, b = 5, c = 7;
if(a > b) a = b; c = a;
if(c! = a) c = b;
printf(" % d, % d, % d\n", a, b, c);
```

(2) 以下程序的运行结果是（   ）。

```
# include < stdio. h >
void main()
{   int x = 1, y = 2, z = 3;
    if(x > y)
    if(y < z) printf(" % d", ++ z);
    else printf(" % d", ++ y);
    printf(" % d\n", x ++ );
}
```

(3) 以下程序的运行结果是（   ）。

```
# include < stdio. h >
void main( )
{
    int x = 1, y = 0, a = 0, b = 0;
    switch(x)
```

```
    {  case 1:
       switch(y)
       {
           case 0：a++；break；
           case 1：b++；break；
       }
       case 2：a++；b++；break；
       case 3：a++；b++；
    }
    printf("a＝%d,b＝%d\n", a, b);
}
```

3. 输入三角形的三条边 a、b、c,判断它们能否构成三角形,若能构成三角形,指出是何种三角形(等腰三角形、直角三角形、一般三角形)。

4. 输入三个数,分别放在变量 a、b、c 中,然后把输入的数据重新按由小到大的顺序放在变量 a、b、c 中,最后输出 a、b、c 的值。

5. 输入一个字符,判断它是否为大写字母。如果是,将它转换成小写字母。如果不是,无须转换,然后输出最终得到的字符。

6. 输入一个字符,判断它是大写字母还是小写字母。如果是大写字母,将它转换成小写字母;如果是小写字母,将它转换成大写字母,然后输出最终得到的字符。

7. 使用 if 语句的嵌套结构实现:从键盘上输入 0~9 之间的任意一个数字,对于输入的数字进行判断。如果该数字小于等于 5 并且大于等于 3,则输出提示语句"输入的数字偏小";如果该数字小于 3,则输出提示语句"输入的数字太小";其他情况,则输出提示语句"输入的数字偏大"。

8. 小明制定了周学习计划和生活安排,星期一、星期三和星期五学习英语,星期二和星期四学习 C 语言,周末休息,请使用 switch 语句实现。

9. 将 A~E 五个成绩等级输出对应百分制成绩的分数段,成绩等级和分数段划分方式:90 分及以上为'A',80~89 分为'B',70~79 分为'C',60~69 分为'D',小于 60 分为'E'。要求使用 switch 语句实现。

第5章　循环结构程序设计

在程序中,为反复执行某个功能而设置的一种程序结构称为循环结构。

在很多实际问题中会遇到规律性的重复运算,因此在程序中就需要将某些语句重复执行。一组被重复执行的语句称为循环体;每重复一次,都必须做出是继续还是停止循环的决定,这个决定所依据的条件称为循环条件。循环变量、循环条件和循环体构成循环结构的三大要素。

循环结构的特点是在给定条件成立时,反复执行某程序段,直到条件不成立为止。

C 语言中有三种形式的循环语句:while 循环语句、do-while 循环语句和 for 循环语句。

5.1　while 循环语句

while 循环语句的基本格式:

```
while(表达式)
{
    循环体语句
}
```

说明:

(1) while 后面小括号内的表达式一般是关系表达式、逻辑表达式,甚至是赋值表达式、常量或变量。总之,只要是合法表达式即可,用于表示循环条件。

(2) while 下面的花括号是一个复合语句,作为 while 循环的循环体。若该循环体仅由一条语句构成,则花括号可以省略不写,否则不能省略。

while 循环的执行过程:首先计算表达式的值,当表达式的值为真(非 0),即循环条件成立,则执行循环体语句;然后计算表达式的值,若表达式的值依然为真,则再次执行循环体语句。如此反复,直到表达式的值为假,则退出循环,其执行流程如图 5-1 所示。

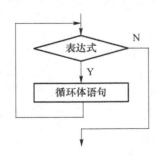

图 5-1　while 循环执行流程图

如果让计算机帮小明完成 10 遍单词的抄写工作,代码实现如下:

```
01: # include < stdio. h >
02: int main()
03: {
04:     int i = 0;                //i是计数器,用于统计抄写次数
05:     while(i < 10)
06:     {
07:         i + + ;
08:         printf("第 % d 遍书写:computer\n",i);
09:     }
10:     return 0;
11: }
```

思考:

(1) 07 行 i++ 的作用是什么?

(2) 若将 04 行 i 的初始值设置为 1,然后将 07 和 08 行代码位置互换,循环条件是否需要修改?若需要修改,应当如何修改?

【例 5-1】 用 while 循环语句实现 100 以内所有整数之和。

```
01: # include < stdio. h >
02: int main()
03: {
04:     int i,sum = 0;            //i 表示 100 以内的整数,sum 表示和
05:     i = 1;
06:     while( i < = 100 )
07:     {
08:         sum = sum + i;
09:         i + + ;                //改变循环变量的值
10:     }
11:     printf("100 以内所有整数之和为: % d\n", sum);
12:     return 0;
13: }
```

【运行结果】

```
100 以内所有整数之和为:5050
```

思考:

(1) 求 100 以内所有偶数的和,程序如何修改?

(2) 求 100 到 200 之间所有能被 3 整除的数字之和,程序如何修改?

注意: while 循环语句特点。

(1) 当循环条件成立时,循环体才会执行,所以 while 语句实现了当型循环。

(2) 只要循环条件成立就执行循环体语句,所以 while 循环的特点是先判断后执行,循环体有可能一次都不会执行。

(3) 一定要注意修改循环变量的值,否则会出现死循环(无休止地执行循环体语句)。

5.2 do-while 循环语句

while 循环语句的特点是先判断后执行,另外一种循环语句是先执行后判断,这种循环语句就是 do-while 循环语句。

在英语测验中,小明又将"computer"这个单词写错了,老师再一次罚他抄写 10 遍,但是小明想:"我写一遍就能记住了,剩下的还是交给计算机帮我完成吧!"。

对于小明这个想法,就可以用到 C 语言中的 do-while 循环语句。

```
do-while 循环语句的基本格式:
do
{
    循环体语句
}while(表达式);
```

说明:

(1) do 是做、执行的意思,后面紧跟一对花括号,用于表示循环体。若该循环体仅由一条语句构成,则花括号可以省略不写。

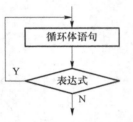

图 5-2   do-while 循环执行流程图

(2) while 后面小括号内的表达式用于表示循环条件。

(3) do-while 循环语句以分号结束,该分号不能省略。

do-while 循环语句的执行过程:首先执行循环体语句,然后计算表达式的值,若表达式的值为真(非 0),即循环条件成立,则再次执行循环体语句,如此反复,直到表达式的值为假则退出循环,其执行流程如图 5-2 所示。

若使用 do-while 语句让计算机帮小明完成 10 遍单词的抄写工作,代码实现如下:

```
01: #include<stdio.h>
02: int main()
03: {
04:     int i = 0;            //i是计数器,用于统计抄写次数
05:
06:     do
07:     {
08:         i++;
09:         printf("第%d遍书写:computer\n",i);
10:     }while(i<10);
11:     return 0;
12: }
```

思考:若将 i 的初始值设置为 1,然后将 08 和 09 行代码位置互换,循环条件是否需要修改?若需要修改,应当如何修改?

【例 5-2】 用 do-while 循环语句实现 100 以内所有整数之和。

```
01：#include<stdio.h>
02：int main()
03：{
04：    int i,sum = 0;          //i 表示 100 以内的整数,sum 表示和
05：    i = 1;
06：    do
07：    {
08：        sum = sum + i;
09：        i++;                //改变循环变量的值
10：    } while( i <= 100 );
11：    printf("100 以内所有整数之和为：%d\n", sum);
12：    return 0;
13：}
```

通过例 5-1 和例 5-2 可以看出,同一个问题既可以使用 while 循环语句处理,也可以使用 do-while 循环语句处理。

一般情况下,do-while 循环语句可以转换为 while 循环语句,若二者的循环体部分一样,那么结果也一样。

【例 5-3】 某公司 2014 年在职员工人数为 200 人,之后每年以 20% 的增长速度不断扩大招工规模,计算截至哪一年在职员工人数将突破 1000 人。请使用 do-while 循环语句实现。

```
01：#include<stdio.h>
02：int main()
03：{
04：    int number = 200;       //在职员工人数
05：    int year = 2014;
06：    do{
07：        year++;
08：        number += number * 0.2;
09：    }while(number<1000);
10：    printf("到 %d 年在职员工将突破 1000 人\n", year);
11：    return 0;
12：}
```

【运行结果】

```
到 2023 年在职员工将突破 1000 人
```

思考:若使用 while 循环语句实现例 5-3,程序如何修改?

注意:do-while 循环语句特点。

(1) 执行完循环体后对循环条件进行判断,直到循环条件不成立结束循环,所以 do-while 语句实现了直到型循环。

（2）首先无条件执行循环体语句,然后对循环条件进行判断,所以 do-while 循环的特点是先执行后判断,循环体至少执行一次。

（3）一定要注意修改循环变量的值,否则会出现死循环。

5.3　for 循环语句

在 C 语言中还有一种更加灵活的循环语句——for 循环语句,它完全可以秒杀前面两种循环语句,因为它相对前两种循环语句语法更直接、简单。

```
for 循环语句的基本格式:
for(表达式 1;表达式 2;表达式 3)
{
    循环体语句
}
```

说明:

（1）表达式 1 一般为赋值表达式,给循环变量赋初始值,只执行一次。

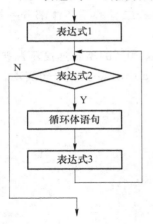

图 5-3　for 循环执行流程图

（2）表达式 2 一般是关系表达式或逻辑表达式,用于表示循环控制条件。

（3）表达式 3 一般用于修改循环变量的值,作为循环的调整。

（4）表达式 1、2、3 之间的分号不能省略。

（5）for 下面的花括号用于表示循环体。

for 循环语句的执行过程如下:

第一步:执行表达式 1,对循环变量做初始化。

第二步:计算表达式 2 的值,即判断循环条件是否成立。若其值为真(非 0),则执行循环体语句;若其值为假(0),则结束循环。

第三步:执行表达式 3。

第四步:返回第二步继续执行。

for 循环语句执行流程如图 5-3 所示。

若使用 for 语句抄写 10 遍单词,代码实现如下:

```
01: #include<stdio.h>
02: int main()
03: {
04:     int i;
05:     for(i=1;i<=10;i++)
06:     {
07:         printf("第%d遍书写:computer\n",i);
08:     }
09:     return 0;
10: }
```

【程序说明】　因为该循环体仅由一条语句构成,所以06行和08行的一对花括号可以省略。

【例5-4】　体验一下for循环语句,实现一个10以内整数求和的小程序。

```
01：# include < stdio.h>
02：int main()
03：{
04：    int sum, num;                //变量sum表示和,num表示加数
05：    sum = 0;
06：    for(num = 1;num <= 10;num ++ )
07：        sum + = num;
08：    printf("10 以内整数的和为:%d", sum);
09：    return 0;
10：}
```

【运行结果】

```
10 以内整数的和为:55
```

注意：　for循环语句特点。

(1) for循环中的"表达式1、2、3"均可以缺省,但三个表达式之间的分号";"不能缺省。

(2) 若循环变量的初值在前面已经通过计算得到,则可以省略"表达式1(循环变量赋初始值)"。如：

```
01：int i = 1;          //定义循环变量,并赋初值
02：for( ;i <= 10;i ++ )
03：{
04：    printf("第 %d 遍书写:computer\n",i);
05：}
```

(3) 若省略"表达式2(循环条件)",则不检查循环条件,该循环语句就是一个死循环。但一般会在循环体内适当位置用条件表达式加break语句,当条件满足时,用break语句跳出for循环,可避免死循环的产生。如：

```
01：int i;
02：for(i = 1; ;i ++ )
03：{
04：    printf("第 %d 遍书写:computer\n",i);
05：    if(i == 10)
06：        break;
07：}
```

注:死循环可以使用后面即将讲到的break语句解决。

(4) 一般当循环控制变量非规则变化,而且循环体中有更新控制变量的语句时,可以省略"表达式3(循环变量修改)"。如：

```
01: int i;
02: for(i = 1;i < = 10; )
03: {
04:      printf("第 % d 遍书写:computer\n",i);
05:      i + + ;
06: }
```

（5）表达式 1 可以是设置循环变量的初值的赋值表达式,也可以是其他表达式。如:

```
01: int sum,num = 0;
02: for(sum = 0; num < = 10; num + + )
03: {
04:      sum + = num;
05: }
06: printf("sum = % d\n", sum);
```

（6）表达式 1 和表达式 3 可以是一个简单表达式,也可以是逗号表达式。如:

```
01: int sum,num;
02: for(sum = 0,num = 0; num < = 3; num + + ,sum + + )
03: {
04:      sum + = num;
05:      printf("num = % d,sum = % d\n",num,sum);
06: }
```

【运行结果】

```
num = 0,sum = 0
num = 1,sum = 2
num = 2,sum = 5
num = 3,sum = 9
```

【例 5-5】 输出所有水仙花数字。所谓"水仙花数"是指一个三位数,其各位数字立方和等于该数,如:153 就是一个水仙花数,$153 = 1^3 + 5^3 + 3^3$。

```
01: # include < stdio. h >
02: int main()
03: {
04:      int num, sd, td, hd;              //定义三位数 num,个位数 sd,十位数 td,百位数 hd
05:      printf("水仙花数有:");
06:      for(num = 100;num < 1000;num + + )    //循环所有三位数
07:      {
08:          hd = num/100;                 //获取 num 百位上的数字
09:          td = num/10 % 10;             //获取 num 十位上的数字
```

```
10:        sd = num % 10;              //获取 num 个位上的数字
11:        if(num = = hd * hd * hd + td * td * td + sd * sd * sd)   //水仙花数的条件
12:        {
13:            printf("% - 6d", num);
14:        }
15:    }
16:    return 0;
17: }
```

【运行结果】

```
水仙花数有：153    370    371    407
```

【程序说明】　可将 11 行的关系表达式 num = = hd * hd * hd + td * td * td + sd * sd * sd 更换为 num = = pow(hd,3) + pow(td,3) + pow(sd,3)，其中 pow(x, y) 函数用于计算 x 的 y 次方。若使用 pow 函数，则需要在文件开头使用 #include < math. h >命令。

while、do-while 和 for 三种循环语句在具体的使用场合上是有区别的：

（1）在已知循环次数的情况下适合使用 for 循环语句。

（2）在不知道循环次数的情况下适合使用 while 或者 do-while 循环语句，如果循环体有可能一次都不执行应考虑使用 while 循环，如果至少执行一次应考虑使用 do-while 循环语句。

（3）从本质上讲，while、do-while 和 for 循环语句之间是可以相互转换的。

【例 5-6】　请使用三种不同的循环语句计算 1－2＋3－4＋5－6＋…－100 的值。

方法一：使用 while 循环语句

```
01: # include < stdio. h >
02: int main()
03: {
04:    int sum = 0;          //sum 表示和
05:    int i = 1;            //i 表示加数
06:    int flag = 1;         //flag 表示符号
07:    while(i < = 100)
08:    {
09:        sum = sum + i * flag;
10:        i + + ;
11:        flag = - 1 * flag;
12:    }
13:    printf("sum = % d\n",sum);
14:    return 0;
15: }
```

方法二:使用 do-while 循环语句

```
01: # include < stdio. h >
02: int main()
03: {
04:     int sum = 0;
05:     int i = 1;
06:     int flag = 1;
07:     do{
08:         sum = sum + i * flag;
09:         i + + ;
10:         flag = - 1 * flag;
11:     }while(i < = 100);
12:     printf("sum = % d\n",sum);
13:     return 0;
14: }
```

方法三:使用 for 循环语句

```
01: # include < stdio. h >
02: void main()
03: {
04:     int sum, i flag;
05:     for(sum = 0, i = 1 , flag = 1; i < = 100 ; i + + , flag = - 1 * flag)
06:     {
07:         sum = sum + i * flag;
08:     }
09:     printf("sum = % d\n",sum);
10: }
```

5.4 循环的嵌套

一个循环语句的循环体内又包含另一个或多个完整的循环语句,称为循环的嵌套。内嵌的循环中还可以嵌套循环,这就是多重循环。三种循环语句可以相互嵌套,自由组合。

例如,以下几种嵌套形式都是合法的,而且都是两层循环嵌套。

while 循环内嵌套 while 循环   while 循环内嵌套 for 循环

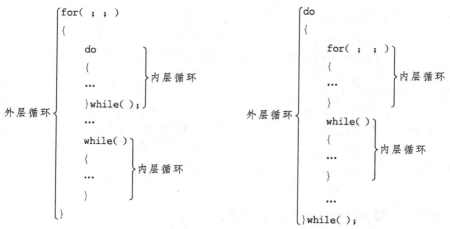

for 循环内嵌套 do-while 和 while 循环　　do-while 循环内嵌套 for 和 while 循环

使用循环嵌套时需要注意：内层循环必须完整地包含在外层循环的循环体内，不得出现内外层循环体交叉的情况。

在实际开发中，一般最多用到三层循环嵌套。因为循环嵌套层数越多，运行时间越长，程序就越复杂，所以一般用两层或三层多重循环就可以了。

多重循环在执行的过程中，外层循环为父循环，内层循环为子循环。父循环一次，子循环需要全部执行完，直到跳出子循环后，父循环再进入下一次，子循环继续执行。

注：一个父循环可以有多个子循环。例如，上面看到的 for 循环内嵌套 do-while 和 while 循环的情况，以及 do-while 循环内嵌套 for 和 while 循环的情况。

【例 5-7】 使用双重循环输出图 5-4 所示正三角星阵。

```
   *
  ***
 *****
*******
```

图 5-4　正三角星阵

【程序分析】

根据观察发现该正三角星阵具有一定规律：

(1) 第 1 行有 1 个星号，第 2 行 3 个星号……，星号数量＝行号×2－1。

(2) 输出星号前，先输出一定数量的空格，第 1 行有 3 个空格，第 2 行有 2 个空格……，空格数量＋行号＝4＝总行数。

```
01: #include<stdio.h>
02: int main()
03: {
04:     int i,j,k;                    //i表示行号，k表示总行数
05:     for(i=1,k=4;i<=k;i++)         //控制输出的行数
06:     {
07:         for(j=1;j<k-i;j++)        //控制输出星号前空格的数量
08:         {
```

```
09:                printf(" ");
10:            }
11:            for(j=1;j<=2*i-1;j++)        //控制输出星号的数量
12:            {
13:                printf(" * ");
14:            }
15:            printf("\n");                //星号输出完毕换行
16:        }
17:        return 0;
18: }
```

【例 5-8】 使用 for 循环嵌套打印 9×9 乘法表。

9×1=9 9×2=18 9×3=27 9×4=36 9×5=45 9×6=54 9×7=63 9×8=72 9×9=81

8×1=8 8×2=16 8×3=24 8×4=32 8×5=40 8×6=48 8×7=56 8×8=64

7×1=7 7×2=14 7×3=21 7×4=28 7×5=35 7×6=42 7×7=49

6×1=6 6×2=12 6×3=18 6×4=24 6×5=30 6×6=36

5×1=5 5×2=10 5×3=15 5×4=20 5×5=25

4×1=4 4×2=8 4×3=12 4×4=16

3×1=3 3×2=6 3×3=9

2×1=2 2×2=4

1×1=1

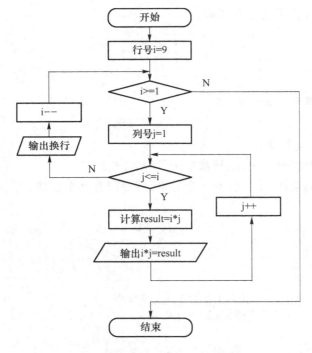

图 5-5 9×9 乘法表流程图

【程序分析】

首先,可以把 9×9 乘法表当作一个 81 宫格,行号(被乘数)i 从上向下编号为 9~1,列号(乘数)j 从左向右编号 1~9。每个单元格中都是一个算术表达式:$i×j=$ result。然后,以其中某一行($i=6$)为例来分析,行号 $i=6$ 始终保持不变,列号 j 从 1 增长到 6,那么一行就可以用一个 for 循环实现。因为每一行都具有相同的规律,都可以用一个循环实现,共有 9 行,那么这个 for 循环需要重复执行 9 遍,所以就需要在这个 for 循环的外面嵌套一个 for 循环。注意:每一行的列号都从 1 开始,且小于等于行号。根据程序分析画出如图 5-5 所示流程图。

根据流程图,程序实现如下:

```
01：# include < stdio. h >
02：int main( )
03：{
04：    int i,j,result;              //i表示被乘数,j表示乘数
05：    for(i = 9;i > = 1;i − − )
06：    {
07：        for(j = 1;j < = i;j + + )
08：        {
09：            result = i * j;
10：            printf("% d * % d = % − 5d",i,j,result);
11：        }
12：        printf("\n");
13：    }
14：    return 0;
15：}
```

5.5　break 语句

在生活中,经常会遇到由于某种原因需要中断当前的事情,不能继续下去。例如,小明今天篮球训练需要运球 10 次,当运到第 5 次时,突然肚子疼无法坚持,这个时候就要停止训练。

我们可以将运球看成是一个循环,那么循环到第 5 次时,需要终止训练。在 C 语言中,可以使用 break 语句提前结束循环,代码实现如下:

```
01：# include < stdio. h >
02：int main()
03：{
04：    int i;
05：    for(i = 1;i < = 10;i + + )
06：    {
07：        printf("第 % d 次运球",i);
08：        if(i = = 5)
09：        {
10：            printf("哎呀!! 坏了! 肚子疼……\n");
11：            printf("停止训练……\n");
12：            break;              //使用 break 跳出循环
13：        }
14：
15：    }
16：    printf("今天的训练到此结束。\n");
17：    return 0;
18：}
```

【运行结果】

```
第 1 次运球
第 2 次运球
第 3 次运球
第 4 次运球
第 5 次运球
哎呀!! 坏了! 肚子疼……
停止训练……
```

今天的训练到此结束。

break 语句的基本格式：

break;

break 语句的作用是结束循环,跳转到循环体外,执行循环之后的语句。

使用 break 语句时需要注意以下四点：

(1) break 语句只能用在循环语句和 switch 语句中。

(2) 用在循环语句中时,通常会结合 if 语句一起使用。若 if 语句判断条件成立,则跳出循环。

(3) 在 switch 语句中用于结束 switch 语句的执行。

(4) 在多层循环中,一个 break 语句只跳出当前循环。

【例 5-9】 找出 1～50 之间的所有素数,所谓素数就是只能被 1 和它本身整除的数字,比如 7,13,23 等。

```
01: # include< stdio.h>
02: int main()
03: {
04:     int m,n;                    //m 表示被除数,n 表示除数
05:     for(m = 1;m <= 50;m ++ )
06:     {
07:         for(n = 2;n < m;n ++ )
08:         {
09:             if(m % n == 0) break;
10:         }
11:         if(m == n)
12:             printf(" % d",m);
13:     }
14:     return 0;
15: }
```

【运行结果】

```
2  3  5  7  11  13  17  19  23  29  31  37  41  43  47
```

5.6　continue 语句

在生活中,可能会遇到由于某种原因需要中断当前的事情 A 而去做事情 B,做完事情 B 后再回来继续做事情 A。例如,小明今天篮球训练,需要运球 10 次,当运到第 5 次时,突然来电话了,然后接完电话回来继续运剩下的 5 次球。

我们可以将运球看成是一个循环,那么循环到第 5 次的时候,需要中断运球,接完电话后继续训练。在 C 语言中,可以使用 continue 语句进行实现操作,代码实现如下:

```
01: #include<stdio.h>
02: int main()
03: {
04:     int i;
05:     for(i=1;i<=10;i++)
06:     {
07:         if(i==5)
08:         {
09:             printf("第%d次运球中去接电话\n",i);
10:             continue;        //若使用 break 则跳出循环
11:         }
12:         printf("第%d次运球\n",i);
13:     }
14:     printf("今天的训练到此结束。\n");
15:     return 0;
16: }
```

【运行结果】

```
第 1 次运球
第 2 次运球
第 3 次运球
第 4 次运球
第 5 次运球中去接电话
第 6 次运球
第 7 次运球
第 8 次运球
第 9 次运球
第 10 次运球
今天的训练到此结束。
```

continue 语句的基本格式:

continue;

continue 语句的作用是结束本次循环,即跳过循环体中 continue 后面的语句,然后执行下一次循环。

使用 continue 语句时需要注意以下两点：

（1）continue 语句只能用于循环语句，而不能用于 switch 语句中。

（2）用于循环语句中时，通常会结合 if 语句一起使用。

break 语句与 continue 语句的区别：break 是跳出当前整个循环，continue 结束本次循环开始下一次循环。

【例 5-10】 计算 1 到 20 之间不能被 3 整除的数字之和。

```
01: #include<stdio.h>
02: int main()
03: {
04:     int i,sum;
05:     for(i=1,sum=0;i<=20;i++)
06:     {
07:         if(i%3==0)
08:             continue;      //使用 break 跳出循环
09:         sum+=i;
10:     }
11:     printf("sum=%d\n",sum);
12:     return 0;
13: }
```

【运行结果】

```
sum=147
```

除了 while、do-while 和 for 语句，C 语言中还有一个 goto 语句，它也能构成循环结构。goto 语句的基本格式为：

goto 语句标号；

其中，语句标号是一个标识符，该标识符一般用英文大写字母序列表示，并遵守标识符命名规则，这个标识符加上一个"："一起出现在函数内某处，执行 goto 语句后，程序将跳转到该标号处并执行其后的语句。

【例 5-11】 用 goto 语句和 if 语句构成循环，求 10 以内的整数之和。

```
01: #include<stdio.h>
02: int main()
03: {
04:     int i=1,sum=0;
05:     LOOP: if(i<=10)
06:     {
07:         sum+=i;
08:         i++;
09:         goto LOOP;
10:     }
11:     printf("sum=%d\n",sum);
12:     return 0;
13: }
```

不过 goto 语句很容易造成代码混乱,维护和阅读困难,饱受诟病,不被推荐,而且 goto 循环完全可以被其他循环取代,所以后来的很多编程语言都取消了 goto 语句,我们也不再讲解。

本 章 小 结

本章主要介绍了三种循环语句:while、do-while 和 for 循环语句。写循环语句时,一般分以下三步:定义并为循环变量赋初始值;设置判断条件;改变循环变量的值。C 语言还提供了 break 语句和 continue 语句来控制程序的循环结构,break 语句表示跳出当前循环;continue 语句表示跳出本次循环,进入下一次循环。

习 题

1. 以下不构成无限循环的语句或者语句组是(　　)。

A. n = 0;
   do{ ++n;}while(n <= 0);

B. n = 0;
   while(1){n++;}

C. n = 10;
   while(n);{n--;}

D. for(n = 0,i = 1; ;i++)
   n += i;

2. 填空题。

(1) 以下程序的运行结果是(　　)。

```
#include <stdio.h>
void main( )
{  int x = 8;
   for( ; x > 0; x--)
   {  if(x % 3)
      {  printf("%d,", x--);
         continue;
      }
      printf("%d,", --x);
   }
}
```

(2) 以下程序的运行结果是(　　)。

```
#include <stdio.h>
void main( )
{  int i, j;
   for(i = 3; i >= 1; i--)
   {  for(j = 1; j <= 2; j++) printf("%d", i+j);
      printf("\n");
   }
}
```

（3）以下程序的运行结果是（　　）。

```
#include<stdio.h>
void main( )
{  int i=5;
   do
   {  if(i%3==1)
      if(i%5==2)
      {  printf("*%d",i); break; }
      i++;
   }while(i!=0);
   printf("\n");
}
```

（4）以下程序的运行结果是（　　）。

```
#include<stdio.h>
void main( )
{  int c=0,k;
   for(k=1;k<3;k++)
   switch(k)
   {  default: c+=k;
      case 2: c++; break;
      case 4: c+=2; break;
   }
   printf("%d\n",c);
}
```

（5）以下程序的运行结果是（　　）。

```
#include<stdio.h>
void main( )
{  int f,f1,f2,i;
   f1=0; f2=1;
   printf("%d %d",f1,f2);
   for(i=3; i<=5; i++)
   {  f=f1+f2;
      printf("%d",f);
      f1=f2; f2=f;
   }
   printf("\n");
}
```

3. 编写程序，计算 $1+3+5+7+\cdots+99+101$ 的值。

4. 编程程序，计算 $1\times2\times3+3\times4\times5+5\times6\times7+\cdots+99\times100\times101$ 的值。

5. 编程程序,计算 $1!+2!+3!+4!+\cdots+10!$ 的值。

6. 编写程序,求 $1^2+2^2+3^2+\cdots+n^2$ 直到累加和大于或等于 10 000 为止。

7. 编写程序,输出从 2000 年到 3000 年所有闰年的年号,每输出 10 个年号换一行。

8. 编写程序,判断某一整数是否是素数。

9. 编写程序,输出 100～200 之间的最大素数。

10. 编写程序,输出 100～200 之间最大的 5 个素数。

11. 编写程序,输出 100～200 之间的所有素数。

12. 编写程序,计算 100～200 之间所有素数的和。

13. 编写程序,将整数 12345 转换成 54321。

第6章 数 组

整型、实型、字符型等基本类型可以解决相对简单的问题,却不能有效处理批量数据,也难以反映出数据之间的关系。

C语言允许用户根据需要,通过系统提供的基本类型建立新的数据类型,从而处理相对复杂的问题。由基本类型数据按一定规则组成的数据类型即为构造类型,有些地方称之为"导出类型",数组则属于构造类型的一种。

数组(Array)是由类型相同的变量构成的有序序列。序列的名称称为数组名,构成数组的各个变量称为数组元素。

由数组的定义得知:

(1) 数组是一组有序数据的集合。

(2) 每个数组都有一个数组名作为统一的标识符。

(3) 同数组中的元素具有相同的数据类型。

(4) 用数组名和下标唯一地确定数组中的元素。

数组元素的类型即为数组的类型,所以数组可分为整型数组、字符数组、指针数组、结构体数组等多种类型。

通过本章内容,让我们一起见识数组的神奇,认识到在处理大量相同类型的有序数据时,数组必将成为一种不可或缺的存在。

6.1 一维数组的定义和引用

当数组中每个元素都只有一个下标时称为一维数组。变量必须遵循"先定义,后使用"的原则,数组也不例外。

6.1.1 一维数组的定义

一维数组的定义方式:

类型说明符 数组名 [常量表达式];

例如:

```
int a[10];      //定义了一个整型数组,数组名为 a,此数组含有 10 个元素
float b[20];    //定义了一个实型数组,数组名为 b,此数组含有 20 个元素
```

说明:

(1) 数组的类型由数组元素的类型决定。

(2) 数组名的命名规则与变量名相同。

(3) 数组名后只能用方括号。

int a[10];(√)　　　　int a(10)(×)　　　　int a{10}(×)

（4）方括号内必须是常量表达式。例如：

int n;char c[n];(×)
#define M 10　　　char c[M];(√)

（5）常量表达式用来表示数组元素的个数，即数组的长度。

（6）数组一旦定义，系统自动为其分配一块连续的存储空间，该存储空间是固定不变的，大小由数组的类型和长度决定，等于 sizeof(数组类型)×数组长度。

（7）数组名代表数组首地址。

6.1.2　一维数组的引用

C语言规定不能一次引用整个数组，对数组的引用只能通过对数组元素的引用实现。
数组元素的表示形式：

数组名[下标]

说明：

（1）下标可以是整型常量或整型表达式，如 a[5]，a[2×3]等。

（2）下标还可以是变量，该变量的类型必须是整型。

（3）下标必须从 0 开始，下标最大取值为数组长度－1。

【例 6-1】　通过循环输出 20 以内的偶数。

```
01: #include<stdio.h>
02: #define N 10
03: int main()
04: {
05:     int a[N], i;
06:     for(i=0;i<N;i++)
07:         a[i]=2*i;
08:     for(i=0;i<N;i++)
09:         printf("%-4d",a[i]);
10:     return 0;
11: }
```

【运行结果】

0 2 4 6 8 10 12 14 16 18

【程序说明】

（1）05 行定义了一个长度为 10 的整型数组 a，同时定义了变量 i，用来表示数组元素下标。

（2）06 和 07 行，使用 for 循环语名为数组中的 10 个元素赋初始值。

（3）08 和 09 行，使用 for 循环语句输出数组中的各元素。

将数组和循环结合起来，可以有效处理大批量数据，提高工作效率。

6.1.3　一维数组的初始化

数组的初始化即在定义数组的同时，为各数组元素赋值。

数组的初始化方式有四种：

（1）在定义数组时对全部元素赋初始值。例如：

```
int a[5] = {1,3,5,7,9};
```

将数组元素的初始值依次放在一对花括号内，并用逗号隔开。经过上面的定义和初始化以后，a[0] = 1,a[1] = 3,…,a[4] = 9。

（2）可以只给数组中的部分元素赋值，其他元素系统自动赋值为 0。例如：

```
int a[10] = {0,1,2,3,4};
```

定义 a 数组有 10 个元素，但只提供了 5 个初值，这表示 a[5]～a[9]元素的值均为 0。

（3）若数组中全部元素的值均为 0，可以写成：

```
int a[10] = {0,0,0,0,0,0,0,0,0,0};
```

或者

```
int a[10] = {0};
```

（4）在对全部数组元素赋初值时，可以不指定数组长度。例如：

```
int a[5] = {1,2,3,4,5};
```

可以写成

```
int a[] = {1,2,3,4,5};
```

在第二种写法中，括号内有 5 个数，系统会根据花括号中数据的个数确定数组的长度为 5。

若定义的数组长度与提供初值的个数不同时，则不能忽略数组长度的定义。

6.1.4　一维数组程序举例

【例 6-2】　逆向输出数组中的各元素。

```
01：#include<stdio.h>
02：#define N 10
03：int main( )
04：{
05：    int a[N],i;
06：    printf("请输入 %d 个整数:",N);
```

```
07:     for(i = 0;i < N;i ++ )
08:         scanf(" % d",&a[i]);
09:     printf("逆向输出的结果为:");
10:     for(i = 9;i >= 0;i -- )
11:         printf(" % - 4d",a[i]);
12:     return 0;
13:}
```

【运行结果】 若输入 1 空格 3 空格 5 空格 7 空格 9 空格 0 空格 2 空格 4 空格 6 空格 8 回车,输出结果:

```
请输入 10 个整数:1 3 5 7 9 0 2 4 6 8
逆向输出的结果为:8 6 4 2 0 9 7 5 3 1
```

【程序说明】

(1) 07 和 08 行,通过 for 循环语句和 scanf 函数的使用,对数组元素逐个赋值。

(2) 逆向输出即从后向前逐个输出。10 行,元素下标 i 赋值为 9,则调用 11 行中的 printf 函数先输出数组中的最后一个元素,然后 i--,意味着向前依次输出各元素,最终实现数组的逆向输出。

【例 6-3】 输出数组中的最大值及对应元素的下标。

```
01: # include < stdio. h >
02: # define N 10
03: void main( )
04: {
05:     int a[] = {3,6,2,7,1,9,5,0,8,4},i,max;
06:     max = 0;
07:     for(i = 1;i < N;i ++ )
08:         if(a[i] > a[max])
09:             max = i;
10:     printf("最大值为 % d,下标为 % d\n",a[max],max);
11: }
```

【运行结果】

```
最大值为 9,下标为 5
```

【程序说明】

(1) 05 行中定义的变量 i 表示元素下标,max 表示最大值的下标。

(2) 06 行中为 max 赋值为 0,意味着暂且把第一个元素当作最大值。

(3) 07、08 和 09 行,将最大值 a[max]依次和数组中的其他元素比较,若有比当前最大值更大的,则修改最大值的下标 max,同时也标记了最大值 a[max]。

【例 6-4】 采用冒泡法对 10 个整数按从小到大的顺序排列。

冒泡排序法的基本排序思想:假设有 n 个数,依次将相邻两个数进行比效(第 1 个数和第

2个数比较,第2个数和第3个数比较,……),如果是逆顺,则将其交换,那么第1轮进行 $n-1$ 次比较就把最大的数排到最后的位置;第2轮进行 $n-2$ 次比较,就把次大的数排到倒数第2个位置,依此类推,直到第 $n-1$ 轮进行1次比较,将最小的数排到了第1个位置,算法结束。

算法的整体思路是让大的数不断地往下沉,小的数不断地往上冒,所以叫作"冒泡排序法"。

具体算法如下:

```
01: #include<stdio.h>
02: #define N 10
03: void main()
04: {
05:     int a[N],i,j,t;
06:     printf("请输入%d个整数:",N);
07:     for(i=0;i<N;i++)
08:         scanf("%d",&a[i]);
09:     for(i=1;i<N;i++)
10:     {
11:         for(j=0;j<N-i;j++)
12:         {
13:             if(a[j]>a[j+1])
14:             {
15:                 t=a[j];
16:                 a[j]=a[j+1];
17:                 a[j+1]=t;
18:             }
19:         }
20:     }
21:     printf("\n排序后的结果为:\n");
22:     for(i=0;i<N;i++)
23:         printf("%-4d",a[i]);
24:     printf("\n");
25: }
```

【运行结果】 若输入3空格7空格1空格5空格9空格0空格8空格2空格6空格4回车,输出结果:

```
请输入10个整数:3 7 1 5 9 0 8 2 6 4
排序后的结果为:0 1 2 3 4 5 6 7 8 9
```

【程序说明】

(1) 05行中定义的变量 i 表示第 i 轮排序,j 表示元素下标,t 表示元素交换过程中的中间变量。

(2) 13~18行,相邻两个元素进行比较,若是逆序,则进行交换。

(3) 11~19行,实现一趟排序。

思考：

（1）11行中的循环判断条件 j<N−i 是否可以更换为 j<N？若可以更换，会出现什么结果？若不可以更换，思考原因。

（2）若按从大到小排序，程序如何修改？

（3）若显示每一趟排序的结果，程序如何修改？

【例 6-5】 采用选择法对 10 个整数按从小到大的顺序排列。

选择排序法的基本排序的思想（若先将 n 个数放入一个一维数组中）：

第一次，从 n 个数中找出最小值放到第一个数组元素的位置。

第二次，从剩下的 $n-1$ 个数中找出最小值放到第二个数组元素的位置。

以此类推，第 $n-1$ 次，从剩下的两个数中找出最小值放到第 $n-1$ 个数组元素的位置。

```
01：#include<stdio.h>
02：#define N 10
03：void main()
04：{
05：    int a[N],i,j,k,t;
06：    printf("请输入%d个整数:",N);
07：    for(i=0;i<N;i++)
08：        scanf("%d",&a[i]);
09：    for(i=1;i<N;i++)
10：    {
11：        k=i-1;
12：        for(j=i;j<N;j++)
13：            if(a[j]<a[k])
14：                k=j;
15：        if(k!=i-1)
16：        {
17：            t=a[k];
18：            a[k]=a[i-1];
19：            a[i-1]=t;
20：        }
21：    }
22：    printf("\n排序后的结果为:\n");
23：    for(i=0;i<N;i++)
24：        printf("%-4d",a[i]);
25：}
```

【运行结果】 若输入 3 空格 7 空格 1 空格 5 空格 9 空格 0 空格 8 空格 2 空格 6 空格 4 回车，输出结果：

```
请输入10个整数:3 7 1 5 9 0 8 2 6 4
排序后的结果为:0 1 2 3 4 5 6 7 8 9
```

【程序说明】

(1) 05 行中定义的变量 i 表示第 i 轮排序,j 表示元素下标,k 表示最小值对应的元素下标,t 表示元素交换时的中间变量。

(2) 11 行,进行第 i 轮排序时,暂且把下标为 i-1 的元素当作最小值。

(3) 12～14 行,将最小值 a[k] 和其后的所有元素进行比较,并标记最小值的下标。

(4) 15～20 行,若最小值的位置发生变化,则进行元素的互换。

(5) 23～24 行,输出排序结果。

6.2　二维数组的定义和引用

一个 3 行 4 列的矩阵如下所示:

$$\begin{bmatrix} 1 & 3 & 5 & 7 \\ 3 & 4 & 5 & 6 \\ 3 & 6 & 9 & 5 \end{bmatrix}$$

该矩阵由行和列组成,是一个最简单的二维数组。

矩阵的第一行由 4 个整数组成,可以看成是一个一维数组 a1[4],第二行由 4 个整数组成,也可以看成是一个一维数组 a2[4],同理,第三行也可以看成是一个一维数组 a3[4]。根据一维数组的定义(数组是由类型相同的变量构成的有序序列),a1[4]、a2[4] 和 a3[4] 都是长度为 4 的一维整型数组,类型相同,所以可以构成一个长度为 3 的有序序列 a,即 a[3]={a1[4],a2[4],a3[4]}。而 a[3] 是一个 3 行 4 列的矩阵,即二维数组,所以二维数组可以被看作是一种特殊的一维数组,该数组的元素又是一个一维数组。

有一维数组和二维数组,也会有三维数组,甚至更多维数的数组。

6.2.1　二维数组的定义

二维数组的定义方式:

类型说明符 数组名[常量表达式 1][常量表达式 2];

常量表达式 1 表示第一维的长度,常量表达式 2 表示第二维的长度。

例如:

```
int a[3][4];//定义了一个整型二维数组 a,共 3×4(3 行 4 列)12 个元素;
float b[2][5];//定义了一个实型二维数组 b,共 2×5(2 行 5 列)10 个元素。
```

说明:

(1) 系统会为二维数组分配一块连续的存储空间,数组元素在内存中以"按行优先"的方式排列,即先按顺序存放第一行的元素,再存放第二行的元素,以此类推。二维数组写成行和列的形式,有助于形象化地理解二维数组的逻辑结构。

(2) 行号、列号均从 0 开始计数。元素 x[i][j] 位于二维数组的第 i+1 行第 j+1 列。

6.2.2　二维数组的引用

二维数组元素的表示形式:

数组名[下标][下标]

说明：

对二维数组中元素下标的约束条件,如类型和取值范围同一维数组。

例如,元素 a[3][2] 表示数组 a 中第 4 行第 3 列的元素,第一维的下标也称为行下标,第二维的下标也称为列下标。

【例 6-6】 按行输入 3×4 二维数组中的各元素,然后分别按行和列的形式输出。

```
01: #include<stdio.h>
02: #define M 3
03: #define N 4
04: void main( )
05: {
06:     int a[M][N],i,j;
07:     printf("请输入%d个整数:",M*N);
08:     for(i=0;i<M;i++)
09:         for(j=0;j<N;j++)
10:             scanf("%d",&a[i][j]);
11:
12:     printf("\n按行输出结果:\n");
13:     for(i=0;i<M;i++)
14:     {
15:         for(j=0;j<N;j++)
16:             printf("%-4d",a[i][j]);
17:         printf("\n");
18:     }
19:
20:     printf("\n按列输出结果:\n");
21:     for(j=0;j<N;j++)
22:     {
23:         for(i=0;i<M;i++)
24:             printf("%-4d",a[i][j]);
25:         printf("\n");
26:     }
27: }
```

【运行结果】 若输入 1 空格 2 空格 3 空格 4 空格 5 空格 6 空格 7 空格 8 空格 1 空格 3 空格 5 空格 7 回车,输出结果:

```
请输入12个整数:1 2 3 4 5 6 7 8 1 3 5 7
按行输出结果:
1   2   3   4
5   6   7   8
1   3   5   7
```

```
按列输出结果：
1     5     1
2     6     3
3     7     5
4     8     7
```

【程序说明】

（1）02 和 03 行定义符号常量 M、N,分别表示二维数组的行数和列数。

（2）06 行定义变量 i 和 j,分别表示行下标和列下标。

（3）08～10 行,按行输入 3 行 4 列共 12 个元素。

（4）11 和 19 行是空行,12～18 是一个程序段,实现按行输出的功能,20～26 是一个程序段,实现按列输出的功能。程序中加入空行,将整个程序分成若干个程序段,使得整个程序结构清晰,增加了程序的可读性。

（5）15 和 16 行,输出一行元素;17 行输出换行。输出一行元素后就换行,再配合 13 行的 for 循环,使二维数组以矩阵(3 行 4 列)的形式输出,结果更加形象化,也更清晰。

（6）23 和 24 行,输出一列元素,25 行输出换行。输出一列元素后就换行,再配合 21 行的 for 循环,使二维数组以矩阵(4 行 3 列)的形式输出。

6.2.3　二维数组的初始化

二维数组的初始化方式有四种：

（1）分行赋初值。例如：

```
int a[2][3]={{1,3,5},{2,4,6}};
```

第一对花括号内的数据为第一行中的元素,第二对换括号内的数据为第二行中的元素。

（2）不分行赋值。例如：

```
int b[2][3]={1,3,5,2,4,6};
```

二维数组"按行优先"的形式存放,所以 1、3、5 是第 1 行中的元素,2、4、6 是第二行中的元素。

（3）对部分元素赋值,其他元素系统自动赋值为 0。例如：

```
int x[2][3]={{1,2},{3}};
```

等价于

```
int x[2][3]={{1,2,0},{3,0,0}};
```

（4）若对全部元素赋值,则可以省略第一维的长度。例如：

```
int y[][2]={{1,2},{3,5},{2,4}};
```

第一维的长度由初始化状态决定,本例中为 3。

6.2.4 二维数组程序举例

【例6-7】 二维数组的转置。

```
01：#include<stdio.h>
02：#define M 3
03：#define N 4
04：void main()
05：{
06：    int a[M][N],b[N][M],i,j;
07：    printf("请输入%d个数:",M*N);
08：    for(i=0;i<M;i++)
09：        for(j=0;j<N;j++)
10：            scanf("%d",&a[i][j]);
11：
12：    printf("\n转置前的矩阵:\n");
13：    for(i=0;i<M;i++)
14：    {
15：        for(j=0;j<N;j++)
16：            printf("%-4d",a[i][j]);
17：        printf("\n");
18：    }
19：
20：    for(i=0;i<M;i++)
21：        for(j=0;j<N;j++)
22：            b[j][i]=a[i][j];
23：
24：    printf("\n转置后的矩阵:\n");
25：    for(i=0;i<N;i++)
26：    {
27：        for(j=0;j<M;j++)
28：            printf("%-4d",b[i][j]);
29：        printf("\n");
30：    }
31：}
```

【运行结果】 若输入1空格2空格3空格4空格5空格6空格7空格8空格1空格3空格5空格7回车,输出结果:

```
请输入12个数:1 2 3 4 5 6 7 8 1 3 5 7
转置前的矩阵:
1    2    3    4
5    6    7    8
1    3    5    7
```

转置后的矩阵:

```
1    5    1
2    6    3
3    7    5
4    8    7
```

【例 6-8】 编写程序,使矩阵下三角(包括主对角线)元素的值乘以 2。

```
01: #include<stdio.h>
02: #define N 4
03: void main()
04: {
05:     int a[N][N],i,j;
06:
07:     printf("请输入%d个整数:",N*N);
08:     for(i=0;i<N;i++)
09:         for(j=0;j<N;j++)
10:             scanf("%d",&a[i][j]);
11:
12:     printf("\n原矩阵:\n");
13:     for(i=0;i<N;i++)
14:     {
15:         for(j=0;j<N;j++)
16:             printf("%-4d",a[i][j]);
17:         printf("\n");
18:     }
19:
20:     for(i=0;i<N;i++)
21:         for(j=0;j<=i;j++)
22:             a[i][j]*=2;
23:
24:     printf("\n变换后的矩阵:\n");
25:     for(i=0;i<N;i++)
26:     {
27:         for(j=0;j<N;j++)
28:             printf("%-4d",a[i][j]);
29:         printf("\n");
30:     }
31: }
```

【运行结果】 若输入 1 空格 2 空格 3 空格 4 空格 5 空格 6 空格 7 空格 8 空格 1 空格 3 空格 5 空格 7 空格 2 空格 4 空格 6 空格 8 回车,输出结果:

```
请输入16个整数:1 2 3 4 5 6 7 8 1 3 5 7 2 4 6 8
原矩阵:
1    2    3    4
5    6    7    8
1    3    5    7
2    4    6    8
变换后的矩阵:
2    2    3    4
10   12   7    8
2    6    10   7
4    8    12   16
```

【程序说明】

下三角元素的行标号大于等于列标号,主对角线元素的行标号等于列标号。

6.3　字　符　数　组

C语言中没有字符串类型,字符串借助字符数组进行存放。

6.3.1　字符数组的定义

用来存放字符数据的数组称为字符数组。

字符数组的定义方式:

char 数组名[常量表达式];

例如:

```
char c[6];          //定义一维字符数组
char ch[3][10];     //定义二维字符数组
```

字符数组的定义和引用遵循数组的规定。

6.3.2　字符数组的初始化

字符数组的初始化方式有两种:

(1) 逐个为数组中各元素指定初值。例如:

```
char s1[7] = {'s','t','r','i','n','g','! '};
```

注意:

(1) 如果在定义字符数组时不进行初始化,则数组中的元素值是不可预测的。

(2) 如果花括号中的字符个数大于数组长度,则出现语法错误。

(3) 如果花括号中的字符个数小于数组长度,则将这些字符赋值给前边的元素,其余元素系统自动赋值为空字符'\0'。

(4) 如果花括号中的字符个数等于数组长度,则可以省略数组的长度。例如:

char s2[ ] = {'s','t','r','i','n','g','! '};

s	t	r	i	n	g	!

char s3[10] = {'C','h','i','n','a'};

C	h	i	n	a	\0	\0	\0	\0	\0

（2）用字符串常量初始化字符数组。例如：

char s4[8] = {"string!"};

或 char s4[8] = "string!";

或 char s4[] = "string!";

等价于：char s4[8] = {'s','t','r','i','n','g','! ','\0'};

s	t	r	i	n	g	!	\0

说明：

（1）'\0'代表 ASCII 码为 0 的字符。

（2）字符串在实际存储时，是用字符数组存储的，系统会自动在其尾部添加一个结束标志 '\0'。

（3）在字符数组中，并不要求它最后的一个字符为'\0'，也可以没有'\0'。

6.3.3 字符数组的输入输出

字符数组的输入输出有两种方式：

（1）利用格式符"%c"逐个输入输出字符。

【例 6-9】 逐个字符输入输出。

```
01: #include<stdio.h>
02: #define N 5
03: void main( )
04: {
05:     char ch[N];
06:     int i;
07:     printf("请输入一个字符串:");
08:     for(i = 0;i<N;i++)
09:         scanf("%c",&ch[i]);
10:
11:     printf("字符数组中的元素为:");
12:     for(i = 0;i<N;i++)
13:         printf("%c",ch[i]);
14: }
```

【程序说明】 若输入的字符个数少于等于 5 时，输出结果和输入的字符相同；否则只输出前 5 个字符。

（2）利用格式符"％s",将整个字符串一次输入输出。

【例 6-10】 整个字符串一次输入输出。

```
01： # include < stdio. h >
02： # define N 5
03： void main( )
04： {
05：     char ch[N];
06：     printf("请输入一个字符串：");
07：     scanf("% s",ch);
08：
09：     printf("字符数组中的元素为：");
10：     printf("% s",ch);
11： }
```

【程序说明】

（1）用"％s"格式符输入一个字符串时，scanf 函数中的输入项是字符数组的数组名。

（2）在 scanf 函数中用"％s"格式符输入一个字符串时，回车结束输入。

（3）在 scanf 函数中用"％s"格式符输入一个字符串时，若输入的字符个数应少于字符数组的长度，此时系统会自动添加字符串的结束符'\0'。

（4）在 scanf 函数中用"％s"格式符输入一个字符串时，不能包含空格、Tab,此时会把空格键、Tab 键作为字符串之间的分隔符。

（5）用"％s"格式符输出字符串时，printf 函数中的输出项是字符数组的数组名。

（6）在 printf 函数中用％s 格式符输出字符串时，遇到'\0'结束,但输出的字符中不包含结束符'\0'。

若输入 abc↙,则输出 abc(↙代表回车)；

若输入 a□b↙,则输出 a(□代表一个空格)；

若输入 a☆b↙,则输出 a(☆代表一个 Tab)。

思考：

有一程序段：

```
char   s1[10], s2[15];
scanf("% s% s",s1,s2 );
printf("% s    % s\n", s1,s2 );
```

若输入 program□C↙,输出结果是什么?

6.3.4 字符串处理函数

C 语言编译系统为方便用户使用,提供了一些专门处理字符串的函数,在使用这些函数时,应当在程序文件的开头用 # include < string. h >,把"string. h"文件包含到本文件中。

1. 字符串输入函数 gets()

gets 函数的一般形式:

gets(字符数组名)

功能：从终端输入一个字符串，并存入字符数组中。输入时以回车结束，并自动加'\0'。

说明：

(1) 输入字符串长度应小于字符数组长度。

(2) 输入字符串中可以包含空格、Tab。

2. 字符串输出函数 puts()

puts 函数的一般形式：

puts(字符数组名或字符串常量)

功能：向终端输出一个字符串，输出后自动换行。输出的字符串可以包含转义字符。例如：

```
char ch[10] = "a\\b";
puts(ch);
输出:a\b
```

3. 字符串长度函数 strlen()

strlen 函数的一般形式：

strlen(字符数组名或字符串常量)

功能：计算字符串的有效长度(不包含'\0')。

例如：

```
char   str[12] = {"computer"};
```

sizeof(str)的结果是 12，strlen(str)的结果是 8。

4. 字符串拷贝函数 strcpy()

strcpy 函数一般形式：

strcpy(字符数组 1,字符串 2)

功能：将字符串 2 复制到字符数组 1 中。例如：

```
char str1[20],str2[20] = "hello";
strcpy(str1,str2);
```

等价于

```
strcpy(str1, "hello");
```

5. 字符串连接函数 strcat()

strcat 函数一般形式：

strcat(字符数组 1,字符数组 2)

功能：将字符串 2 连接到字符串 1 的后面，并把结果放在字符数组 1 中。例如：

```
char   str1[12] = {"Good   "};
char   str2[    ] = {"luck!"};
printf(" % s", strcat(str1,str2));
```

输出

Good luck!

6. 字符串比较函数 strcmp()

strcmp 函数的一般形式:strcmp(字符串1,字符串2)

功能:比较两个字符串。

字符串比较规则:按照 ASCII 码,将两个字符串从左向右逐个字符比较,直到遇到不同字符或'\0'为止。

若字符串1==字符串2,返回0。

若字符串1<字符串2,返回负整数。

若字符串1>字符串2,返回正整数。

例如:

```
printf(" % d",strcmp("hello","hellb"));
```

输出

1

7. 转换为小写的函数 strlwr()

strlwr 函数的一般形式:

strlwr(字符串)

功能:将字符串中大写字母转换成小写字母。

8. 转换为大写的函数 strupr()

strupr 函数的一般形式:strupr(字符串)

功能:将字符串中小写字母转换成大写字母。

6.3.5 字符数组程序举例

【例 6-11】 将字符串中每个单词的第一个字母改成大写(所有单词由小写字母组成,单词之间由空格分隔)。

```
01: # include< stdio. h>
02: # define N 100
03: void main( )
04: {
05:     char s[N];
06:     int i;
07:     printf("请输入一个字符串,回车结束输入:");
08:     gets(s);
09:
10:     s[0]> = 'a' && s[0]< = 'z'? s[0] - = 32: s[0];
11:
12:     for(i = 1;s[i]! = '\0';i + +)
```

```
13:        if(s[i]>='a'&&s[i]<='z'&&s[i-1]==' ')
14:            s[i] - = 32;
15:
16:        printf("转换后的结果为:");
17:        puts(s);
18: }
```

本 章 小 结

　　数组是程序设计中最常用的数据结构,作为多个同种有序变量的集合体,其中类型也各有不同,既有数值数组又有字符数组,既有一维数组又有多维数组,而其各式各样的类型又衍生出不同的功能,从而让使用者达到不同的目的。

　　方便的同时也要注意使用方式,在对数组进行操作时,特别注意数组的赋值,对数组的赋值可以通过数组初始化赋值、输入或输出赋值和赋值语句赋值三种方法实现,其中对数值数组却不能用赋值语句整体赋值、输入或输出,而必须用循环语句对元素进行逐个操作。

习　　题

1. 单选题。

(1) 下列选项中,能够正确定义数组的语句是(　　　)。

A. int num[0..2008];

B. int num[];

C. int N = 2008;
   int num[N];

D. #define N 2008
   int num[N];

(2) 若有定义语句:int m[] = {5,4,3,2,1},i = 4;,则下面对数组元素的引用中错误的是(　　　)。

A. m[--i]

B. m[2 * 2]

C. m[m[0]]

D. m[m[i]]

(3) 以下错误的定义语句是(　　　)。

A. int x[][3] = {{0},{1},{1,2,3}};

B. int x[4][3] = {{1,2,3},{1,2,3},{1,2,3},{1,2,3}};

C. int x[4][] = {{1,2,3},{1,2,3},{1,2,3},{1,2,3}};

D. int x[][3] = {1,2,3,4};

(4) 若有定义:int a[2][3];,以下选项中对数组元素正确引用的是(　　　)。

A. a[2][! 1]

B. a[2][3]

C. a[0][3]

D. a[1 > 2][! 1]

(5) 设有定义:char a[] = "xyz", b[] = {'x','y','z'};以下叙述中正确的是(　　　)。

A. 数组 a 和 b 的长度相同

B. a 数组长度小于 b 数组长度

C. a 数组长度大于 b 数组长度

D. 上述说法都不对

2. 填空题。

(1) 以下程序的运行结果是( )。

```
# include < stdio.h>
void main( )
{   int a[ ] = {2,3,5,4},i;
    for(i = 0;i < 4;i + + )
    switch(i % 2)
    {   case 0:switch(a[i] % 2)
                {   case 0:a[i] + + ;break;
                    case 1:a[i] - - ;
                }break;
        case 1:a[i] = 0;
    }
    for(i = 0;i < 4;i + + )
    printf(" % d",a[i]);
}
```

(2) 有以下程序,运行时从键盘输入:How are you? <回车>,则输出结果为( )。

```
# include < stdio.h>
void main( )
{   char a[20] = "How are you?",b[20];
    scanf(" % s",b);
    printf(" % s % s\n",a,b);
}
```

(3) 以下程序的输出结果是( )。

```
# include < stdio.h>
# include < string.h>
main()
{   char st[20] = "hello\0\t\";
    printf(% d % d\n",strlen(st), sizeof(st));
}
```

3. 求数组中奇数的个数和平均值,以及偶数的个数和平均值。

4. 如何实现数组的逆置。例如,数组 int a[]={1,2,3,4,5};逆置后 a[]={5,4,3,2,1}。

5. 如何实现数组的移动。例如数组 int a[]={1,2,3,4,5,6,7,8,9};移动后 a[]={9,1, 2,3,4,5,6,7,8}。

6. 如何实现数组的移动。例如数组 int a[]={1,2,3,4,5,6,7,8,9};移动后 a[]={6,7, 8,9,1,2,3,4,5}。

7. 向有序数组中插入一个元素,插入后数组依然有序。

8. 把 a 数组中的偶数从数组中删除,奇数按原顺序依次存放到 a[0]、a[1]、a[2]…中,最后输出数组 a。例如 int a[]={9,1,4,2,3,6,5,8,7},删除偶数后 a[]={9,1,3,5,7}。

9. 有一数列:前两项的值分别为 1 和 3,从第三项开始,每一项的值为前两项之和,该序列被称为 Fibonacci 数列。请输出该数列的前 12 项:1,3,4,7,11……

10. 统计各年龄段的人数。通过调用随机函数获得 N 个年龄,并放在 age 数组中,然后把 0 至 9 岁年龄段的人数放在 d[0]中,把 10 至 19 岁年龄段的人数放在 d[1]中,把 20 至 29 岁年龄段的人数放在 d[2]中,其余依此类推,把 100 岁(含 100)以上年龄的人数都放在 d[10]中。

11. 计算 $N \times N$ 矩阵的主对角线元素和反向对角线元素之和。

12. 判定 $N \times N$(规定 N 为奇数)的矩阵是否是"幻方",若是,输出值为 1;不是,输出值为 0。"幻方"的判定条件是:矩阵每行、每列、主对角线及反对角线上元素之和都相等。

13. 输出杨辉三角形。

杨辉三角形特点:各行第一个数都是 1;各行最后一个数都是 1;从第 3 行起,除上面指出的第一个数和最后一个数外,其余各数是上一行同列和上一行前一列两个数之和。

14. 有 $N \times N$ 矩阵,以主对角线为对称线,对称元素相加并将结果存放在下三角中,上三角元素置为 0。

15. 有 $N \times N$ 矩阵,给定 $m(m<N)$ 值,将每行元素中的值均右移 m 个位置,左边置为 0。例如:$N=3,m=2$,移动前后的矩阵如下所示。

$$\begin{bmatrix} 1 & 2 & 3 \\ 4 & 5 & 6 \\ 7 & 8 & 9 \end{bmatrix} \longrightarrow \begin{bmatrix} 0 & 0 & 1 \\ 0 & 0 & 4 \\ 0 & 0 & 7 \end{bmatrix}$$

16. 将 3×5 矩阵中第 k 列的元素左移到第 1 列,第 k 列以后的每列元素行依次左移,原来左边的各列依次绕到右边。若 k 为 3,移动前后的矩阵如下所示。

$$\begin{bmatrix} 1 & 2 & 3 & 4 & 5 \\ 3 & 5 & 7 & 9 & 1 \\ 2 & 4 & 6 & 8 & 0 \end{bmatrix} \longrightarrow \begin{bmatrix} 3 & 4 & 5 & 1 & 2 \\ 7 & 9 & 1 & 3 & 5 \\ 6 & 8 & 0 & 2 & 4 \end{bmatrix}$$

17. 在 3×4 的矩阵中找出在行上最大、在列上最小的那个元素,若没有符合条件的元素则输出相应信息。

18. 统计字符串中单词的个数,规定所有单词由小写字母组成,单词之间由若干个空格隔开,一行的开始没有空格。

19. 统计字符串中各元音字母的个数(大小写不区分)。

20. 统计字符串中,大写字母 A,B,…,Z 各自出现的次数。

21. 判断一个字符串是否是回文。

22. 删除字符串中给定的字符。

第 7 章 函 数

随着程序功能的增多,规模也越来越大,没必要把所有代码都写在一个主函数中。首先,如果同样的操作需要执行多次,那就需要多次重复编写实现该功能的代码,使得程序冗长;其次,当功能较多且代码量较大时,整个程序显得混乱、结构不清晰。

若将相同功能的代码集合成函数,就不需要多次重复地编写相同的代码,在用到该功能时,只需要调用相应函数即可,实现了代码重用;而且将语句集合成函数,也方便了代码的维护。最终使得整个程序结构清晰,逻辑性强,便于理解,在最大程度上保证了程序设计的正确性。

7.1 函数的基本概念

函数就是一系列 C 语句的集合,能够完成某个特定的功能。

根据结构化程序设计方法中的介绍,待开发的软件系统需要划分为若干个相互独立的模块,每个模块包含一个或多个函数,每个函数实现一个特定的功能,所以在实际编程中,一个程序往往由一个主函数和多个其他函数组成。C 程序从主函数开始执行,在执行过程中调用其他函数,其他函数之间也可以相互调用。

由以上函数的定义可知,函数即一些相对独立、功能单一的子模块,所以可以将一个复杂的任务分解为若干个子模块。可以对程序中重复使用的程序段进行独立设计,使计算机可以重复执行。

【例 7-1】 输入两个整数,求两者之间的最大值,输出结果,通过函数调用实现。

解题思路:程序分为整数的输入、求最大值和输出结果三个功能,所以需要三个函数来分别实现,用 enter_int 实现整数的输入,max 求最大值,print_int 输出结果,最后用主函数调用这三个函数即可。

```
01: # include < stdio. h >
02: int main()
03: {
04:     int enter_int();              //声明 enter_int 函数
05:     int max(int m, int n);        //声明 max 函数
06:     void print_int(int n);        //声明 print_int 函数
07:
08:     int x, y, z;
09:     printf("请输入两个整数:");
10:     x = enter_int();              //调用 enter_int 函数
11:     y = enter_int();              //调用 enter_int 函数
```

```
12:     z = max(x,y);                      //调用 max 函数
13:     print_int(z);                       //调用 print_int 函数
14:     return 0;
15: }
16:
17: int enter_int()                         //定义 enter_int 函数
18: {
19:     int n;
20:     scanf("%d",&n);
21:     return n;
22: }
23:
24: int max(int m,int n)                     //定义 max 函数
25: {
26:     return m >= n? m: n;
27: }
28:
29: void print_int(int n)                    //定义 print_int 函数
30: {
31:     printf("最大值为% - 5d",n);
32: }
```

【运行结果 1】 若输入 3 空格 5,输出结果:

```
请输入两个整数:3 5
最大值为 5
```

【运行结果 2】 若输入 5 空格 3,输出结果:

```
请输入两个整数:5 3
最大值为 5
```

说明:

(1) 一个 C 程序由一个或多个源程序文件组成。对较大的程序,一般不把所有的程序全部放在一个文件中,而是按程序模块分别放在若干个源文件中,再由若干源文件组成一个 C 程序。一个源文件可以为多个 C 程序共用。

(2) 一个源程序文件由一个或多个函数组成。在程序编译时,以源程序文件为编译单位,而不是以函数为单位进行编译。

(3) main 函数是主函数,它可以调用其他函数,但不允许被其他函数调用。

(4) C 程序从主函数开始执行,执行过程中可以调用其他函数,调用后流程回到主函数并继续往下执行,最后在主函数中结束整个程序的运行。

(5) 一个 C 语言程序必须有且仅有一个主函数 main。

(6) 从用户使用的角度来看,函数分为库函数和用户定义函数两种。

库函数即标准函数,是由系统提供的用于实现特定功能的函数,用户可以直接使用。需要注意的是,不同的 C 编译系统提供的库函数在数量和功能上有一定的差异。

用户自己定义的函数,即用户可以将自己的算法编写成一个个相对独立的函数。

库函数只能实现一些基本功能,实际需要的大多数功能还需要用户自己实现。

7.2 函数的定义

变量遵循"先定义,后使用"的原则,函数在使用前也应该"先定义"。

函数定义的一般形式:

```
函数类型 函数名([参数类型 参数名,…,参数类型 参数名])
{
     函数体
}
```

说明:

(1) 函数类型,一般为函数返回值的类型。

例 7-1 中的 max 函数"int max(int m,int n){…}"有返回值,返回值的类型为 int,所以 max 函数的类型为 int。print_int 函数"void print_int(int n){…}"没有返回值,所以 print_int 函数的类型为 void(空)。

(2) 函数名,用于表示函数的名称,程序中通过函数名进行调用。

每一个函数用来实现一个特定的功能,所以在给函数命名的时候,首先应该是合法标识符,其次不能与库函数重名,最好能做到"见名知意"。

(3) 参数名和参数类型,在函数调用时进行数据的传递。

函数参数是一个可选项,可有可无,可以只有一个参数,还可以有多个参数。根据参数的有无,将函数分为有参函数和无参函数。例 7-1 中的 enter_int 函数是无参函数,max 函数和 print_int 函数是有参函数。max 函数有两个参数,print_int 函数只有一个参数。

在定义有参函数时,参数名可以省略,但是参数类型不能省略。

若参数不止一个,则各参数之间需要使用逗号分隔。

(4) 无论函数有无参数,函数名后的小括号都不能省略。

(5) 函数类型和函数名下面的花括号构成函数的函数体,用于实现函数的功能。函数体包括声明部分和执行部分。

(6) 若函数的函数体为空,则该函数称为空函数。空函数什么都不执行,也不会影响程序的正常执行,但在程序设计中经常使用。

空函数是程序设计过程的需要。在模块设计过程中,当功能不完全确定时,可以使用空函数代替,在扩充函数功能时补充完整即可,这样不仅结构清晰,可读性好,还易于扩充。

(7) 在 C 语言中,所有函数的定义,包括主函数 main 在内,都是"平行"的。也就是说,在一个函数的函数体内部不允许定义另一个函数,即函数不能嵌套定义,从而保证了每个函数都是相对独立的程序模块。

【例 7-2】 统计 a～b(a≤b)之间偶数的个数,并返回统计结果,请定义 count 函数实现该功能。

```
01: int count(int a,int b)
02: {
03:     int i,num = 0;
04:     for(i = a;i < = b;i + + )
05:         if(i % 2 = = 0)
06:             num + + ;
07:
08:     return num;
09: }
```

【程序说明】

（1）01 行是函数首部,02～09 行是函数体。

（2）count 是函数名,count 前的 int 是函数类型,该函数有两个参数 a 和 b,参数类型均为 int,所以 count 函数是有参函数。

（3）03 行是变量的定义语句。

（4）04～06 行是实现函数功能的语句序列。

（5）08 行是返回语句,将函数的运算结果返回给主调函数。

7.3 函数的调用

调用函数,验证函数的正确性,期望得到预期的结果。

7.3.1 函数的调用形式

调用函数的一般形式:

函数名(参数表列)

说明:

（1）根据函数在调用过程中的关系分为主调函数和被调函数。

被调用的函数为被调函数,又称子函数,调用该函数的函数为主调函数,主调函数和被调函数是成对出现的。

（2）参数分为实参和形参。

在定义函数时,函数名后面小括号中的参数称为"形式参数"（简称"形参"）。

在主调函数中调用一个函数时,函数名后面小括号中的参数（可以是一个表达式）称为"实际参数"（简称"实参"）。

若被调函数为无参函数,则实参也为空,但不能写为 void。

（3）若被调函数没有返回值,则可以把函数调用单独作为一个语句。例 7-1 中的 13 行"print_int(z);"。

（4）若被调函数有返回值,则可以把调用函数作为运算对象放在一个表达式中。例 7-1 中的 12 行"z = max(x,y);"。其中,"max(x,y)"是函数调用,其作为赋值表达式的一部分,把 max 函数返回值赋值给变量 z。若被调函数有返回值时,还可以作为另一函数调用时的参数。例 7-1 中的 12～13 行,合并为一条语句可以写为"print_int(max(x,y));"。

（5）被调函数定义在主调函数之前,在主调函数中无须声明,否则须在主调函数中对其进行说明。

（6）若被调函数是库函数，应该在程序开头用#include命令将有关的头文件"包含"到该程序中来。例如，在程序中必然会调用输出函数，则在程序开头写上"#include<stdio.h>"。

【例7-3】　请编写主函数main，并调用例7-2中的count函数，统计a～b（a<=b）之间偶数的个数。

```
01： # include<stdio.h>
02： int main()
03： {
04：     int count(int a,int b);
05：     int x,y;
06：     printf("请输入两个整数：");
07：     do
08：     {
09：         scanf("%d%d",&x,&y);
10：     }while(x>y);
11：
12：     printf("%d～%d之间的偶数共%d个",x,y,count(x,y));
13：     return 0;
14： }
```

【运行结果】　若输入100空格200，输出结果：

```
请输入两个整数：100 200
100～200之间的偶数共51个
```

【程序说明】

（1）main函数在执行过程中调用了count函数，所以main函数是主调函数，count函数是被调函数。

（2）04行是对被调函数的声明。在完整的程序中，若count函数的定义在main函数之后，则需要在main函数中声明。若没有对被调函数的声明，有的编译系统会报错，有的系统不会报错，但会有警告。

（3）函数的声明应当与被调函数定义中的函数首部写法上保持一致，即函数类型、函数名、参数个数、参数类型和参数顺序必须相同。

（4）07～10行的do-while循环语句用于确保最终得到的x的值小于等于y的值。

（5）12行出现了函数调用count(x,y)，其中x和y是实参，例7-2中count函数定义的a和b是形参。

（6）count函数有返回值，12行的函数调用作为printf函数输出表列的一部分，即函数调用作为printf函数的参数将count函数返回值进行输出。

（7）06和12行都调用了printf函数，09行调用了scanf函数，所以在程序开头引用头文件。

7.3.2　函数调用时的数据传递

在调用有参函数时,主调函数和被调函数之间有数据传递关系,系统会把实参的值传递给形参。

在调用无参函数时,主调函数无须向被调函数进行数据传递。

【例 7-4】　编写主函数调用 GCD 函数,求任意两个正整数的最大公约数。

【程序分析】

首先,确定主调函数,即 main 主函数。在主函数输入两个整数,调用子函数,最后输出结果。

然后,确定被调函数。既然要求计算最大公约数,那么子函数需要把结果返回给主调函数,所以子函数有返回值,类型为 int;题目中已明确子函数名为 GCD;要求计算任意两个整数的最大公约数,那么就需要主调函数向子函数进行数值的传递,可以确定子函数有两个参数,类型均为 int;使用辗转相除法求最大公约数。

根据程序分析,写出对应代码如下:

```
01: #include<stdio.h>
02: void main()
03: {
04:     int GCD(int m,int n);              //声明函数
05:     int x,y,z;
06:     printf("请输入两个整数:");
07:     do
08:     {
09:         scanf("%d%d",&x,&y);
10:     }while(x<y);
11:     z=GCD(x,y);                        //调用函数
12:     printf("%d和%d的最大公约数为%d\n",x,y,z);
13: }
14:
15: int GCD(int m,int n)                   //定义函数
16: {
17:     int r;
18:     r=m%n;
19:     while(r)
20:     {
21:         m=n;
22:         n=r;
23:         r=m%n;
24:     }
25:     return n;
26: }
```

【运行结果】　若输入 9 空格 6,输出结果:

```
请输入两个整数:9 6
9 和 6 的最大公约数为 3
```

【程序说明】　11 行进行函数调用,在函数调用时实参的值自右向左,逐个传递给对应位置的形参,即先将实参 y 的值传递给对应位置上的形参 n,再将实参 x 的值传递给对应位置上的形参 m。形参 m 和 n 获得数值后使用辗转相除法计算最大公约数。

注意:

(1) 实参可以是常量、变量、表达式、函数等,但无论是何种类型,在进行函数调用时,都必须具有确定的值。

(2) 调用语句中的实参个数应和被调函数的形参个数相等,顺序和类型完全一致。

(3) 实参和对应形参的名称可以相同,也可以不相同。

(4) C 程序的参数传递是"值的传递",即将实参的值赋给形参,而且是单向传递,只由实参传给形参,而不能由形参传回来给实参。

7.3.3　函数调用的过程

我们通过例题来了解函数调用的过程。

【例 7-5】　思考以下程序实现什么功能,输出结果是什么?

```
01: #include < stdio.h>
02: int main()
03: {
04:     void exch(int a,int b);        //函数声明
05:     int x,y;
06:     printf("输入 x 和 y 的值:");
07:     scanf("%d%d",&x,&y);
08:     printf("x= %d,y= %d\n",x,y);
09:     exch(x,y);                     //函数调用
10:     printf("x= %d,y= %d\n",x,y);
11:     return 0;
12: }
13:
14: void exch(int a,int b)             //函数定义
15: {
16:     int n;
17:     n=a;
18:     a=b;
19:     b=n;
20: }
```

【运行结果】　若输入 3 空格 5,输出结果:

```
输入 x 和 y 的值：3 5
x = 3，y = 5
x = 3，y = 5
```

思考：exch 函数的功能就是交换形参 a 和 b 的值,为什么输出结果显示 x 和 y 的值并未实现交换?

说明:

只有在函数被调用时,才为形参临时分配内存单元,调用结束后,形参单元被释放。所以在未被调用时,形参并不占内存空间。形参的有效作用范围是其所在的函数内。

通过图示了解函数调用中数值的传递过程:程序从 main 函数开始执行,定义变量 x 和 y,分配存储空间,并通过输入设备获得数值分别为 3 和 5,如图 7-1 中的①所示;然后调用 exch 函数,为形参 a 和 b 分配存储空间,实参 x 和 y 向对应形参 a 和 b 进行数值传递,如图②所示;在子函数中定义变量 n,为 n 分配存储空间,如图③所示;通过三条赋值语句,将 a 和 b 的值互换,如③~⑤所示;子函数执行完毕,形参 a 和 b 以及变量 n 的存储空间被释放,结果如图⑥所示;函数调用结束后,返回主函数,整个过程中 x 和 y 的存储空间一直保留,值始终没有发生改变。

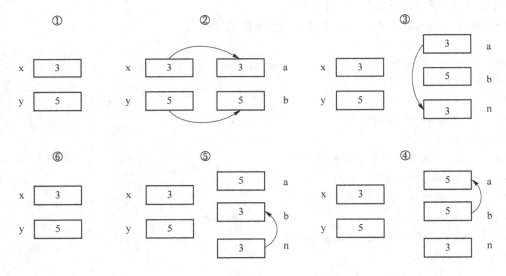

图 7-1　数值的传递过程

7.3.4　函数的返回值

函数调用时,主调函数通过实参向形参传递数据,从而使子函数获得数据进行运算,既然形参不能向实参传递数据,那么子函数如何将计算结果反馈给主调函数呢?这就需要在子函数中使用 return 语句实现了。

return 语句的基本格式:

```
return（表达式）;
```

说明：

（1）return 后面的小括号可以省略。

（2）return 后面的表达式可以是常量、变量或合法表达式。

（3）若被调函数无须向主调函数返回数据，则被调函数中可以没有 return 语句，此时被调函数的类型应设置为 void。

（4）若被调函数需要向主调函数返回数据，则在被调函数适当的位置添加 return 语句。

（5）一个被调函数的函数体内允许有多条 return 语句，一旦执行其中的某一条 return 语句，意味着子函数的执行到此结束，返回主调函数。所以，return 语句不仅可以将数据返回给主调函数，还有结束子函数执行的作用。

（6）函数返回值的类型尽量与函数的类型保持一致。若返回值的类型与函数类型不同，则以函数类型为准，在返回值时，先作隐式的类型转换，然后返回。即函数类型决定返回值的类型。

7.4 函数的嵌套调用

C 语言不允许函数嵌套定义，但允许嵌套调用函数，也就是说，在调用一个函数的过程中允许调用另一个函数。

【例 7-6】 计算 $2^3 + 4^3 + 6^3$ 的值。

```
01: #include< stdio. h>
02: #include< math. h>
03: int main()
04: {
05:     int fun(int m);
06:     int i,sum;
07:     for(i = 2,sum = 0;i <= 6;i + = 2)
08:         sum + = fun(i);               //调用 fun 函数
09:     printf("sum = % d\n",sum);
10: }
11:
12: int fun(int m)
13: {
14:     int n;
15:     n = pow(m,3);                     //调用 pow 函数
16:     return n;
17: }
```

【运行结果】

sum = 288

【程序说明】

(1) pow( )函数是一数学函数,15 行 fun 函数调用了该数学函数,所以需要在程序开头引用头文件"math.h"。

(2) 函数 pow(m,n)用于计算 m 的 n 次方,所以 fun 函数实现了计算指定数值 3 次方的功能。

(3) main 函数中的 for 循环(07 和 08 行)实现了 2^3,4^3 和 6^3 求和。

例 7-6 函数嵌套调用执行过程如图 7-2 所示。

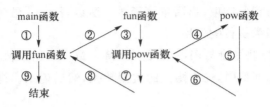

图 7-2   函数嵌套调用执行过程

例 7-6 程序执行过程:在执行 main 函数的过程中遇到 fun 函数的调用语句,产生断点,开始执行 fun 函数;在执行 fun 函数的过程中又遇到 pow 函数的调用语句,产生新断点,开始执行 pow 函数;pow 函数没有嵌套其他函数,pow 函数执行完毕,返回 fun 函数的断点处继续执行,fun 函数执行完毕,返回 main 函数的断点处继续执行,图 7-2 所示的函数嵌套调用过程重复执行 3 遍,直到程序结束。

7.5   函数的递归调用

函数的递归调用是指一个函数执行过程中出现了直接或间接调用函数本身的调用方式。

如果直接调用函数本身称为直接递归;如果调用了另外一个函数,那个函数又调用该函数,则称为间接递归。

递归方法的基本思想是将一个问题向下分解为具有同样解决方法但规模不断缩小的子问题,不断进行这样的分解,直到分解的子问题有一个已知解。

写递归函数首先要分析问题,找出递推关系;然后确定初始状态;最后进行递归调用。

【例 7-7】   猴子吃桃:猴子第一天摘了若干个桃子,当即吃了一半,还不解馋,又多吃了一个;第二天,吃剩下桃子的一半,还不过瘾,又多吃一个。以后每天都吃前一天剩下的一半零一个,到第 10 天想吃时,发现只剩下了一个桃子。问猴子第一天共摘了多少个桃子?

解题思路:

采用逆向思维的方式,从后向前推断,发现有递推关系:

第 10 天有 1 个桃子,即 peach(10)=1

第 9 天有(1+1)*2=4 个桃子,即 peach(9)＝(peach(10)+1)*2

第 8 天有(4+1)*2=10 个桃子,即 peach(8)＝(peach(9)+1)*2

……

第 1 天的桃子数量为 peach(1)＝(peach(2)＋1)*2

用数学表达式表述为：

peach(10)=1　　　　　　　　　　　(n=10)

peach(n)=(peach(n+1)+1)*2　　(n<10)

根据分析，可以用一个 peach 函数描述上述递推过程，然后用主函数调用 peach 函数，即可得到第一天的桃子数量。

```
01: # include < stdio. h >
02: main()
03: {
04:     int peach(int day);              //函数声明
05:     int num;
06:     num = peach(1);                  //函数调用
07:     printf("第一天有%d个桃子",num);
08: }
09:
10: int peach(int day)                   //函数定义
11: {
12:     if(day == 10)
13:         return 1;
14:     else
15:         return (peach(day + 1) + 1) * 2;
16: }
```

递归函数的特点：

（1）函数直接或间接的调用自身。

（2）要有递归终止条件检查，即递归的终止条件满足后，则不再调用自身。

（3）如果不满足递归终止条件，则调用涉及递归调用的表达式。在调用函数自身时，有关终止条件的参数要发生变化，而且要向递归终止的方向改变。

7.6　数组作为函数参数

调用有参函数时，需要提供实参，实参可以是常量、变量或表达式。数组元素的作用与变量相当，因此数组元素也可以作为函数实参。数组名作为数组的首地址，也可以作为函数参数，传递的不是数值，而是地址。

7.6.1　数组元素作函数参数

数组元素的作用与变量相当，因此数组元素也可以作为函数参数，但只能作实参，不能作形参。

数组元素作为函数实参时，其用法与变量相同，是"值传送"方式，而且是单向传递。

【例 7-8】　存在长度相同的两个数组 a 和 b，逐个比较这两个数组对应位置上的元素，统计 a[i] 比 b[i] 大的元素个数。

```
01： # include< stdio. h>
02： # define N 10
03： int main()
04： {
05：        int fun(int a,int b);                    //函数声明
06：        int a[N],b[N];
07：        int i,n = 0;
08：        for(i = 0;i < N;i + + )                   //输入 10 个整数给 a[0]～a[9]
09：            scanf(" % d",&a[i]);
10：
11：        for(i = 0;i < N;i + + )                   //输入 10 个整数给 b[0]～b[9]
12：            scanf(" % d",&b[i]);
13：
14：        for(i = 0;i < N;i + + )                   //统计 a[i]> b[i]的数量
15：            n + = fun(a[i],b[i]);                 //调用 fun 函数
16：
17：        printf(" % d",n);
18：        return 0;
19： }
20：
21： int fun(int a,int b)                            //定义 fun 函数
22： {
23：    if(a > b)                                     //若 a > b 则返回 1,否则返回 0
24：        return 1;
25：    else
26：        return 0;
27： }
```

7.6.2　数组名作函数参数

一个数组元素只代表一个数值,所以数组元素作实参,向形参传递的是数值。数组名是数组的首地址,所以数组名作实参,向形参传递的是地址,所以形参也应该定义为数组名或指针(指针此处不赘述,后续章节会学到)。

使用数组名作函数的参数实现例 7-8,代码如下:

```
01： # include< stdio. h>
02： # define N 10
03： int main()
04： {
05：        int fun(int x[],int y[]);                //函数声明
06：        int a[N],b[N];
07：        int i;
08：        for(i = 0;i < N;i + + )                   //输入 10 个整数给 a[0]～a[9]
```

```
09:          scanf(" % d",&a[i]);
10:
11:      for(i = 0;i < N;i + + )              //输入 10 个整数给 b[0]~b[9]
12:          scanf(" % d",&b[i]);
13:
14:      printf(" % d",fun(a,b));             //调用 fun 函数,输出结果
15:      return 0;
16: }
17:
18: int fun( int x[],int y[])               //定义 fun 函数
19: {
20:      int i,n = 0;
21:      for(i = 0;i < N;i + + )              //统计 x[i]> y[i]的数量
22:          if(x[i]> y[i])                   //若 x[i]> y[i]则计数器 n++
23:              n + + ;
24:      return n;
25: }
```

【运行结果】　输入 1 空格 3 空格 5 空格 7 空格 9 空格 2 空格 4 空格 6 空格 8 空格 10 回车 0 空格 1 空格 2 空格 3 空格 4 空格 5 空格 6 空格 7 空格 8 空格 9 回车,输出结果:

```
1 3 5 7 9 2 4 6 8 10
0 1 2 3 4 5 6 7 8 9
6
```

说明:

(1)用数组名作函数参数,形参数组和实参数组要分别在其所在函数中定义,不能只在一方定义。

(2)实参数组与对应形参数组类型应保持一致,名称可以相同,也可以不相同。

(3)C 编译系统对形参数组大小不做检查,只是将实参数组的首地址传给形参数组,所以形参数组可以不指定大小,即在定义数组时在数组名后面跟一个空的方括弧。

(4)用数组名作函数实参时,不是把数组的值传递给形参,而是把实参数组的起始地址传递给形参数组,这样两个数组就共占一块存储空间。

【例 7-9】　以下程序的运行结果是什么? 调用 fun 函数后,数组 a 中各元素值会发生改变吗?

```
01: # include < stdio. h >
02: # define N 10
03: int main()
04: {
05:      void fun(int x[]);                  //函数声明
06:      int a[N];
07:      int i;
```

```
08:      for(i = 0;i < N;i++)                        //为数组 a 中的元素赋初始值
09:          a[i] = (i + 1) * 2;
10:
11:      printf("原数组中的元素:");
12:      for(i = 0;i < N;i++)
13:          printf(" % - 4d",a[i]);
14:
15:      fun(a);                                      //调用 fun 函数
16:      printf("\n 最后数组中的元素:");
17:      for(i = 0;i < N;i++)
18:          printf(" % - 4d",a[i]);
19:      return 0;
20: }
21:
22: void fun(int x[])                                 //定义 fun 函数
23: {
24:      int i;
25:      for(i = 0;i < N;i++)                         //修改数组 x 中各元素的值
26:          x[i] + = 1;
27: }
```

【运行结果】

```
原数组中的元素:2 4 6 8 10 12 14 16 18 20
最后数组中的元素:3 5 7 9 11 13 15 17 19 21
```

思考:为什么调用 fun 函数后,数组 a 中各元素的值发生了改变?

7.6.3 多维数组名作函数参数

一维数组元素和数组名可以作函数参数,那么多维数组元素和数组名也可以作函数参数。多维数组元素的作用与变量相当,因此可以作为函数实参,但不能做形参。

多维数组名既可以作实参,也可以作形参。在被调函数中对形参数组定义时,可以指定每一维的大小,也可以省略第一维的大小。

【例 7-10】 求二维数组主对角线元素之和。

```
01: # include < stdio. h >
02: # define N 5
03: int fun(int a[][N])                               //定义 fun 函数
04: {
05:      int i,sum;
06:      for(i = 0,sum = 0;i < N;i++)                  //计算主对角线元素之和
07:          sum + = a[i][i];
08:      return sum;
```

```
09; }
10;
11; main()
12; {
13;     int a[N][N];
14;     int i,j,sum;
15;     for(i = 0;i < N;i ++ )              //为数组各元素赋初始值
16;         for(j = 0;j < N;j ++ )
17;             a[i][j] = i + j;
18;
19;     for(i = 0,sum = 0;i < N;i ++ )      //输出二维数组
20;     {
21;         for(j = 0;j < N;j ++ )
22;             printf("% d ",a[i][j]);
23;         printf("\n");
24;     }
25;
26;     printf("主对角线元素之和为% d",fun(a));   //调用 fun 函数,输出结果
27; }
```

【运行结果】

主对角线元素之和为20

【程序说明】
(1) 被调函数的定义在主调函数之前,所以在主调函数中无须对 fun 函数进行声明。
(2) 形参和实参的名称可以完全相同。

7.7   局部变量和全局变量

例 7-5 中,exch 函数可以互换两个形参的值,为什么主函数调用 exch 函数后却没有实现实参 x 和 y 值的互换,这就涉及变量作用域的问题。作用域就是一个变量可以被引用的范围,即它们在什么范围内有效,超出了该有效范围则不能被引用。每个变量都有一个作用域,根据作用域范围将变量分为局部变量和全局变量两种。

7.7.1   局部变量

在一个函数或复合语句内定义的变量称为局部变量。局部变量只在本函数或复合语句范围内有效,即从变量定义处开始、到变量定义所在的那个函数或复合语句结束。

【例 7-11】   分析以下程序是否存在语法错误,若无语法错误,推测程序的输出结果是什么?

```
01： # include < stdio. h>
02： void fun( int a)
03： {
04：     int b = 1,c = 2;
05：     {
06：         int a,b = 3;
07：         a = b + c;
08：         printf("a = % d\n",a);
09：     }
10：     a = b + c;
11：     printf("a = % d\n",a);
12： }
13：
14： void main()
15： {
16：     int a = 1;
17：     fun(a);
18： }
```

【运行结果】

```
a = 5
a = 3
```

【程序说明】

（1）02 行,形参 a 是局部变量,作用域为 02～12 行;04 行定义的局部变量 b 和 c 作用域为 04～12 行;06 行定义的局部变量 a 和 b 作用域为 06～09 行;16 行定义的局部变量 a 作用域为 16～18 行。

（2）02 行的形参 a 与 06 行定义的局部变量 a 同名,且在 06～09 行范围内作用域重叠,同样,04 行和 06 行定义的局部变量 b 同名,在 06～09 行范围内作用域也重叠,实际上在 06～09 行的范围内,02 行的形参 a 和 04 行定义的 b 被 06 行定义的变量 a 和 b"屏蔽",不起作用。所以,07 行 b 的值为 3,c 的值为 2,计算得到 a 的值为 5。

（3）10 行的 b 和 c 即 04 行定义的 b 和 c,值分别为 1 和 2,所以 11 行输出 a 的值为 3。

7.7.2 全局变量

在函数内定义的变量是局部变量,在函数之外定义的变量称为全局变量,也称外部变量。全局变量的有效范围从定义变量的位置开始到该源文件结束。

【例 7-12】 分析以下程序的输出结果是什么?

```
01： # include < stdio. h>
02： int a,b;                          //定义全局变量
03： void exch()                       //函数定义
04： {
```

```
05:      int t;
06:      t = a;
07:      a = b;
08:      b = t;
09: }
10:
11: void main()
12: {
13:      printf("请输入两个整数:");
14:      scanf("%d%d",&a,&b);
15:      printf("a=%d,b=%d\n",a,b);
16:      exch();                              //调用函数
17:      printf("a=%d,b=%d\n",a,b);
18: }
```

【运行结果】　若输入 3 空格 5 回车,输出结果:

```
请输入两个整数:3 5
a=3,b=5
a=5,b=3
```

【程序说明】　02 行定义了全局变量 a 和 b,作用域为 02～18 行,在 exch 函数和 main 函数中没有定义同名的变量,所以程序运行整个过程中的 a 和 b 都是 02 行定义的全局变量。

注意:

(1) 在同一个源文件中,如果全局变量与局部变量同名,那么在局部变量的作用范围内,全局变量将被"屏蔽"。

(2) 如果一个函数改变了全局变量的值,将影响到其他函数。

(3) 由于函数的调用只能带回一个返回值,因此有时可以利用全局变量增加函数之间数据联系的渠道。

(4) 尽量少用或不用全局变量。全局变量在程序执行的整个过程中始终占用存储单元,会降低存储空间的利用率;过多使用全局变量,不仅会降低程序的清晰度,还会降低函数的灵活性和通用性。所以对全局变量要谨慎使用。

思考:若将 05 行代码更换为"int t,a=3,b=5;",程序运行过程中依然输入 3 和 5,输出结果会发生改变吗?

7.8　变量的存储方式和生存期

从空间的角度(变量的作用域)观察,变量分为全局变量和局部变量;从生存期(变量值存在的时间)观察,有的变量在程序运行的整个过程中都存在(如全局变量),有的变量则在调用其所在的函数时才有效,函数调用结束后,变量也就不存在了(如形参)。这与变量的存储方式有直接关系。

内存中供用户使用的存储空间分为程序区、静态存储区和动态存储区三部分。数据可以存放在静态存储区和动态存储区中。

静态存储区,在程序编译时为变量分配存储空间,程序执行完毕才释放。

动态存储区,在执行函数时为变量分配存储空间,函数执行完毕释放内存。若一个程序多次调用同一函数,该函数中定义的局部变量在多次执行时分配的存储空间地址可能不同。

按照计算机给变量分配的存储位置,可将变量分成自动变量、静态变量和寄存器变量三种。

自动(auto)变量存放于动态存储区中,按动态方式分配内存,即每次分配给同一变量的内存地址可能是变化的。

静态(static)变量存放于静态存储区中,按静态方式分配内存,即每次分配给同一变量的内存地址是不变的。

寄存器(register)变量存放于 CPU 的寄存器中,不给变量分配内存。

7.8.1　自动变量

函数中的局部变量都存储在动态存储区,其所在的函数被调用时分配存储空间,函数调用结束释放存储空间,因此这类局部变量又称自动变量。在定义自动变量时应使用 auto 关键字作存储类别的声明,一般情况下可以省略不写。

函数中的形参和在函数中定义的变量(包括在复合语句中定义的变量),都属于 auto 类型。

7.8.2　静态局部变量

若局部变量存储在静态存储区,在函数调用结束后,不会释放其占用的存储单元,在下一次调用该函数时,该变量仍保留上一次函数调用结束时的值,这类变量应使用关键字 static 作存储类别的声明,称为静态局部变量。

【例 7-13】　以下程序的输出结果是什么?

```
01: #include<stdio.h>
02: void fun(int i)
03: {
04:     int x = 1;
05:     static int y = 1;
06:     if(i == 1)
07:     {
08:         x = 10;
09:         y = 20;
10:     }
11:     printf("x = %d,y = %d\n",x,y);
12: }
13:
14: void main()
15: {
16:     fun(1);
17:     fun(2);
18: }
```

【运行结果】

```
x = 10,y = 20
x = 1,y = 20
```

自动变量和静态局部变量的比较：

（1）静态局部变量存储在静态存储区，在程序整个运行期间不会释放存储空间。自动变量（即动态局部变量）存储在动态存储区，函数调用结束后释放。

（2）静态局部变量在编译时赋初值，且该赋值语句仅在编译时被执行一次，以后每次调用函数时不再重新赋初值，而是保留上次函数调用结束时的值。自动变量在函数调用时进行初始化，而且每调用一次函数执行一次初始化。

（3）静态局部变量在编译时自动赋初值 0（数值型变量）或空字符（字符变量）。自动变量若不赋初始值，则是一个不确定的值。

【例 7-14】 输出 1 到 5 的阶乘，要求使用静态局部变量实现。

```
01：# include< stdio. h>
02：int fac(int n)
03：{
04：    static int f = 1;
05：    f = f * n;
06：    return f;
07：}
08：
09：void main()
10：{
11：    int i;
12：    for(i = 1;i < = 5;i ++ )
13：        printf(" % d! = % d\n",i,fac(i));
14：}
```

7.8.3 寄存器变量

由于对寄存器的存取速度远远高于对内存的存储速度，因此为了提高执行效率，可以将使用频繁的变量存放在 CPU 的寄存器中，这类变量应使用关键字 register 作存储类别的声明，称为寄存器变量。

现在计算机的速度越来越快，优化的编译系统能够识别使用频繁的变量，并自动将这些变量放在寄存器中。即使程序员指定了寄存器变量，若操作系统认为不可以分配寄存器，最终还是会为寄存器变量在内存分配存储空间，使得寄存器变量最终还是一个自动变量。

说明：

（1）只有局部自动变量和形参可以作为寄存器变量，全局变量或静态局部变量不可以。在函数执行过程中占用寄存器，函数执行结束释放寄存器。

（2）不能定义任意多个寄存器变量。

（3）由于受到寄存器长度的限制，所以寄存器变量只能是 char，int 或指针型。

（4）寄存器变量常用于作为循环控制变量。

【例 7-15】 以下程序会输出多少个星号？

```
01：# include< stdio.h>
02：void main()
03：{
04：    int i,j;
05：    for(i = 0;i< = 30000;i + +)
06：        for(j = 0;j< = 100;j + +)
07：            printf(" * ");
08：}
```

若将 04 行的自动变量 i 和 j 声明为寄存器变量，运行程序，发现离理想运行时间还有一定的差距。

7.8.4 全局变量的存储类别

全局变量的作用域从变量的定义处开始到本程序文件结束，不言而喻，全局变量存放在静态存储区中。

如果全局变量的定义不在文件的开头，其作用域只限于定义处到文件结束，那么全局变量定义之前的函数不能引用该全局变量。若定义之前的函数需要引用该全局变量，则必须在引用前使用关键字 extern 对该变量作"外部变量声明"，表示把该全局变量的作用域扩展到了此位置。

【例 7-16】

```
01：# include< stdio.h>
02：void main()
03：{
04：    int fun();                          //函数声明
05：    extern int x,y;                     //把外部变量的作用域扩展至此
06：    printf("请输入两个整数：");
07：    scanf("% d% d",&x,&y);
08：    printf("% d+ % d= % d\n",x,y,fun());  //调用函数,输出结果
09：}
10：
11：int x,y;                               //定义外部变量
12：
13：int fun()                              //函数定义
14：{
15：    int sum = 0;
16：    sum = x + y;
17：    return sum;
18：}
```

用 extern 声明外部变量时，类型名可以省略不写。

一个 C 程序可以由一个或多个源程序文件组成,如果在一个文件中引用另一个文件中定义的外部变量,同样需要使用关键字 extern 对该变量作"外部变量声明",这样就可以将另一文件中定义的外部变量的作用域扩展到本文件中。

如果需要将某些外部变量的作用域限定在本文件中,不允许被其他文件引用,则需要使用关键字 static 对该变量作声明。例如"static int x;"。

注意:

(1) 用 static 声明一个局部变量,意味着把它分配在静态存储区,该变量在整个程序执行期间可见。

(2) 用 static 声明一个全局变量,只是把该变量的作用域限定在本文件中。

用 auto、register、static 声明变量时,是在定义变量的基础上添加的关键字,而不能单独使用。

本 章 小 结

函数模块化是 C 语言不可或缺的一部分,它可以让整个程序的结构更加清晰明了,并且在对程序进行细节调整时相对方便很多,不得不说 C 语言的函数模块化的确是一种神奇的手段,它的作用就相当于一台机器,这台机器的作用有很多。不同的函数能完成不同的特定的功能。

函数固然方便,但是我们使用函数时一定要注意很多细节,比如在没有声明的情况下,如果函数顺序不同,那么可能会对最终程序的运行产生不利影响。当然,参数也很重要。

因此,我们在进行 C 语言程序函数设计及调用时一定要严谨,注重细节。

习 题

1. 单选题。

(1) 在调用函数时,如果实参是简单变量,它与对应形参之间的数据传递方式是(   )。

A. 地址传递

B. 单向值传递

C. 先由实参传给形参,再由形参传回实参

D. 传递方式由用户指定

(2) 当 return 语句中表达式的类型和函数定义类型不一致时,函数返回值类型由(   )。

A. return 语句中表达式类型所决定

B. 调用该函数时的主调函数类型所决定

C. 调用该函数时由系统临时决定

D. 定义该函数时所指定的函数类型决定

2. 填空题。

(1) 以下程序的运行结果是(   )。

```
func(int x)
{
    static int a = 2;
    return (a + = x);
}
void main( )
{
    int b = 2,c = 4,d;
    d = func(b);
    d = func(c);
    printf(" % d\n",d);
}
```

（2）有以下程序，程序运行后的输出结果是（　　）。

```
# include< stdio. h >
# define f(x) (x * x)
void main( )
{   int i1, i2;
    i1 = f(8)/f(4) ;
    i2 = f(4 + 4)/f(2 + 2) ;
    printf(" % d, % d\n",i1,i2);
}
```

（3）下面程序的输出结果是（　　）。

```
int f(int a,int b)
{
    int c;
    if(a > b) c = 1;
    else if(a == b) c = 0;
    else c = -1;
    return c;
}
void main( )
{
    int i = 1,p;
    p = f(i, ++ i);
    printf(" % d",p);
}
```

3．求方程 $ax^2 + bx + c = 0$ 的根，用 3 个函数分别求当：$b^2 - 4ac$ 大于 0、等于 0 和小于 0 时的根，并输出结果。从主函数输入 a、b、c 的值。

4．编写函数，将一个字符串中的元音字母复制到另一字符串。

5. 编写函数,接收一个字符串,统计该字符串中字母、数字、空格和其他字符的个数。在主函数中输入一个字符串,并输出统计结果。

6. 火柴棍拼数字的游戏。已知数字 0~9 分别需要用 6、2、5、5、4、5、6、3、7、6 根火柴组成,请编写函数,计算任意整数需要火柴棍的数量。

7. 输入 5 个学生 3 门课的成绩,分别用函数实现下列功能:

(1) 计算每个学生的平均分;

(2) 计算每门课的平均分;

(3) 找出所有分数中的最高数。

第8章 指　　针

C语言之所以如此强大,很大部分体现在其灵活的指针运用上,可以说,指针是C语言的灵魂。如果没有理解指针,就等于没有学习C语言。

指针的用途非常广泛,比如通过函数改变一个变量的值,可以使用指针通过地址传递实现。在很多时候,特别是对象的数据量较大时,通常也会用指针来做形参,只需要传递一个地址即可实现,这样大大提高执行效率。

在学习C语言时,很多学生对指针感到费解,不是因为指针的概念有多复杂,而是在使用时经常犯错,所以学习时应重点从使用的角度抓住问题的本质,然后从概念入手分析,问题就能很快得到解决。

8.1　指针的概述

计算机内存由一系列连续的存储单元排列在一起构成,各存储单元按字节以顺序递增的方式编号,这个编号称为地址。

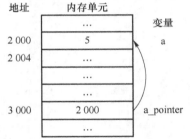

图 8-1　变量的存储及访问

在程序中定义的变量,编译系统会根据变量的类型分配一定长度的存储空间,例如 CodeBlocks 为 int 型变量分配 4 个字节,为 float 型变量分配 4 个字节,为 char 型变量分配 1 个字节。例如在图 8-1 中,系统为 int 型变量 a 分配 4 个字节的存储空间,分配地址为 2000～2003;一般以低字节地址编号标注一个变量的地址,变量 a 的地址为 2000;该存储单元的内容为 5,即变量 a 的值为 5。

8.1.1　指针的概念

在程序中访问变量有直接访问和间接访问两种方式。

由于变量名和变量的地址为一一对应关系,因此可以根据变量名直接对存储单元进行访问、获取或修改变量的值。这种按变量名进行访问的方式称为直接访问方式。

例如,"printf("a=%d",a);",输出变量 a 的值,程序执行过程:首先根据变量名找到 a 的地址;然后从该地址开始,取出 4 个字节存储空间中的数据;最后将数据输出。

在图 8-1 中,假如定义了一种特殊的变量 a_pointer 用来存放变量 a 的地址 2000,那么存取变量 a 的值,可以先从变量 a_pointer 中取出 a 的地址,然后根据地址找到对应的存储空间,最后取出 a 的值进行输出。这种通过其他变量获取地址,间接访问变量的方式称为间接访问方式。

通过地址能够找到变量的存储单元,可以说,地址指向该变量。因此,将地址形象化地称为指针,存储地址的变量称为指针变量。

在图 8-1 中,变量 a 的地址为 2000,可以说变量 a 的指针为 2000。由于变量 a_pointer 用来存放变量 a 的地址,因此称 a_pointer 为指针变量,该指针变量的值即变量 a 的地址 2000。

注意区分"指针"和"指针变量"这两个概念。

8.1.2 指针变量的定义和引用

指针变量同属于变量,但指针变量的值是地址,所以和普通变量的定义相似但又有不同之处。

定义指针变量的一般形式:

类型符 * 指针变量名;

说明:

(1) 类型符用于指定指针变量指向变量的类型。

(2) " * "是指针标记,用于表示该变量为指针变量。

例如:

int * a_pointer;定义了一个指向 int 型变量的指针变量,该指针变量名为"a_pointer"。

注意:

(1) 定义指针变量时,变量名前的" * "不能省略。

(2) 指针变量只能存放地址,不能将一个整数赋给一个指针变量。

通常在以下两种情况下引用指针变量。

情况一:给指针变量赋值。

先定义指针变量后赋值,如:

```
int a;
int * p;            //定义指针变量 p
p = &a;             //给指针变量 p 赋值为 a 的地址
```

定义指针变量的同时赋值,如:

```
int a;
int * p = &a;       //定义指针变量 p 的同时赋值
```

但是,下述形式都是错误的:

```
int a;          float b;
int * p;        int * q = &b;
* p = &a;
```

说明:

(1) & 是取地址运算符,用于取变量的地址,取到的地址必须赋给指针变量。

(2) 指向指定类型的指针变量只能被赋予相同类型的地址,即指向整型变量的指针只能被赋予整型变量的地址。

(3) 在定义语句中," * "是类型声明的标志,起标记作用,表示其后的变量是指针变量;表达式中出现的" * "是一个指针运算符(间接访问运算符),用于取值,取指针指向变量的值。

情况二:引用指针变量指向的变量。

例如:

```
int a;
int * p = &a;                    //指针变量p指向了整型变量a
```

那么,printf(" % d", * p);的作用是以整数形式输出指针变量 p 所指向变量的值,即输出变量 a 的值。

如果有赋值语句" * p＝1;"表示将整数 1 赋给 p 所指向的变量,那么"(* p)＋＋;"表示将指针变量 p 所指向变量的值自加。

【例 8-1】 以下程序的输出结果是什么?

```
01: # include < stdio. h >
02: void main()
03: {
04:     int a = 6,b;              //定义变量a和b
05:     int * p;                  //定义指针变量p
06:     p = &a;                   //p指向a
07:     b = * p;                  //将p指向变量a的值赋值给b
08:     if(b == a)
09:         printf("我爱你,中国");
10:     else
11:         printf("我和我的祖国");
12: }
```

【运行结果】

我爱你,中国

8.1.3　指针变量作函数参数

函数的参数不仅可以是整型、浮点型、字符型等基本数据类型,还可以是指针类型,其作用是将一个变量的地址传送到另一函数中。

【例 8-2】 指针变量作函数参数,以下程序的输出结果是什么?

```
01: # include < stdio. h >
02: void main()
03: {
04:     void swap(int * p1,int * p2);        //函数声明
05:     int x = 3,y = 5;
06:     int * px, * py;                       //定义指针变量px,py
07:     px = &x;                              //为指针变量px赋值
08:     py = &y;                              //为指针变量py赋值
09:     printf("交换之前:");
10:     printf("x = % d,y = % d\n",x,y);
```

```
11:        swap(px,py);                    //函数调用
12:        printf("交换之后:");
13:        printf("x = % d,y = % d",x,y);
14: }
15:
16: void swap( int * p1,int * p2)          //函数定义
17: {
18:        int t;
19:        t = * p1;
20:        * p1 = * p2;
21:        * p2 = t;
22: }
```

【运行结果】

```
交换之前:x = 3,y = 5
交换之后:x = 5,y = 3
```

【程序说明】

定义指针变量 px 和 py,并分别指向变量 x 和 y,如图 8-2 中的①所示;11 行调用子函数,实参向形参传递地址,p1 和 p2 分别指向变量 x 和 y,如图②所示;18~19 行,定义局部变量 t,取指针 p1 所指向变量的值(变量 x 的值 3)赋给变量 t,如图③所示;20 行将指针 p2 所指向变量的值(y 的值 5)赋给指针 p1 所指向的变量 x,x 的值被修改为 5,如图④所示;21 行将 t 的值赋给指针 p2 所指向的变量 y,y 的值被修改为 3,如图⑤所示;子函数执行完毕,形参 p1、p2 及局部变量 t 不复存在,返回主函数,如图⑥所示。最终实现了变量 x 和 y 值的互换。

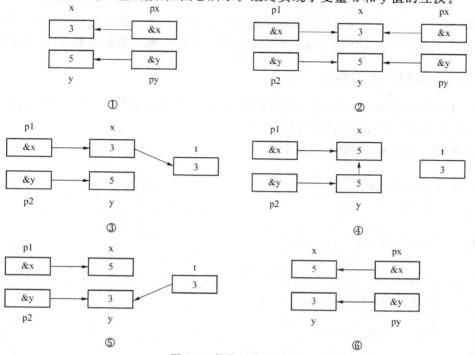

图 8-2 数值的传递过程

思考:

(1) 若将子函数修改为以下形式,是否能够实现变量 x 和 y 值的互换?

```
01: void swap(int * p1,int * p2)
02: {
03:     int * t;
04:     t = p1;
05:     p1 = p2;
06:     p2 = t;
07: }
```

(2) 若将子函数修改为以下形式,结果又会如何呢?

```
01: void swap(int * p1,int * p2)
02: {
03:     int * t;
04:     * t = * p1;
05:     * p1 = * p2;
06:     * p2 = * t;
07: }
```

注意: 指针变量作函数参数,实参可以是地址常量或指针变量,形参只能是指针变量。

8.2　指针和一维数组

数组在内存中占用一块连续的存储单元,这块连续存储单元的首地址用数组名表示,因此数组名就是一个指针。指针和数组有着非常紧密的联系,在解决数组问题时,广泛使用指针。

8.2.1　数组元素的指针

一个数组包含若干个元素,每个数组元素在内存中占用一定的存储单元,因此它们都有相应的地址,指针变量就可以指向数组元素。

【例 8-3】 数组元素的指针应用举例。

```
01: # include< stdio. h>
02: void main()
03: {
04:     int a[] = {1,3,5,7,9};
05:     int * p;
06:     p = &a[0];
07:     printf(" % d\n", * p);
08:     p = a;
09:     printf(" % d", * p);
10: }
```

【运行结果】

```
1
1
```

【程序说明】

数组名代表数组占用连续存储空间的首地址,即数组首元素的地址。08 行将数组名赋给指针变量 p,即将数组 a 首元素 a[0] 的地址赋给指针变量 p,所以表达式 p＝&a[0] 和 p＝a 是等价的,07 行和 09 行输出的都是 a[0] 元素的值。

8.2.2 指针的算术运算

当指针指向数组元素时,允许指针进行一定的算术运算和关系运算。

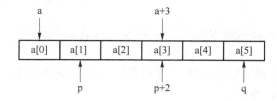

图 8-3 指针指向数组元素

假如指针变量 p 和 q 指向同一数组中的两个数组元素,如图 8-3 所示,则

p＋＋意味着指针 p 向后移动一个单位,指向下一个数组元素;

p－－意味着指针 p 向前移动一个单位,指向上一个数组元素;

其中,"单位"指的是指针的基类型所占的字节数。

p＋1 指向同一数组中的下一个元素;

p－1 指向同一数组中的上一个元素;

p＋n 指向同一数组中 p 之后的第 n 个元素;

p－n 指向同一数组中 p 之前的第 n 个元素;

q－p 用于计算两个指针之间数组元素的个数;

q＋p 没有意义;

q＞p 用于判断两个指针之间的相对位置;

p＝＝NULL 用于判断指针是否为空。

若 a 是数组名,那么 a 也是数组首地址,则 a＋i 表示数组元素 a[i] 的地址,＊(a＋i) 是 a＋i 所指向数组元素,即 a[i]。

【例 8-4】 指针的算术运算应用举例。

```
01：#include<stdio.h>
02：#define N 5
03：void main()
04：{
05：    int a[]={1,3,5,7,9};
06：    int *p,*q;                      //定义指针变量 p 和 q
07：    p=a;                            //为指针变量 p 赋值
```

```
08:    q = a + 4;                    //为指针变量q赋值
09:    printf(" * p = % d\n", * p);
10:    printf(" * q = % d\n", * q);
11:    if(q > p)
12:         printf("q - p = % d",q - p);
13: }
```

【运行结果】

```
 * p = 1
 * q = 9
 q - p = 4
```

【程序分析】

(1) 07 行指针变量 p 被赋值为数组名 a,即 p 指向数组首元素 a[0]。所以 09 行输出a[0]的值。

(2) a+i 表示数组元素 a[i]的地址。08 行指针变量 q 被赋值为 a+4,即 q 指向数组元素 a[4],所以 10 行输出 a[4]的值。

(3) q 指向 a[4],p 指向 a[0],两个指针所指元素的相对距离是 4,所以 12 行输出结果为 4。

8.2.3   通过指针引用数组元素

既然 a+i 表示数组元素 a[i]的地址, * (a+i)表示数组元素 a[i],那么可以通过指针法引用数组元素。

【例 8-5】   定义长度为 6 的整型数组,通过输入设备获取 6 个整数作为各元素的值,最后输出数组。

方法一   通过下标法引用数组元素。

```
01: # include < stdio. h >
02: # define N 6
03: void main()
04: {
05:     int a[N];
06:     int i;
07:     printf("请输入 6 个整数:");
08:     for(i = 0;i < N;i ++ )
09:          scanf(" % d",&a[i]);
10:
11:     printf("数组为:");
12:     for(i = 0;i < N;i ++ )
13:          printf(" % d",a[i]);
14: }
```

方法二　通过地址法引用数组元素。

```
01: #include<stdio.h>
02: #define N 6
03: void main()
04: {
05:     int a[N];
06:     int i,*p;
07:     printf("请输入 6 个整数:");
08:     for(i=0,p=a;i<N;i++)
09:         scanf("%d",p+i);
10:
11:     printf("数组为:");
12:     for(i=0;i<N;i++)
13:         printf("%d",*(p+i));
14: }
```

方法三　通过指针法引用数组元素。

```
01: #include<stdio.h>
02: #define N 6
03: void main()
04: {
05:     int a[N];
06:     int *p;
07:     printf("请输入 6 个整数:");
08:     for(p=a;p<a+N;p++)
09:         scanf("%d",p);
10:
11:     printf("数组为:");
12:     for(p=a;p<a+N;p++)
13:         printf("%d",*p);
14: }
```

方法四　通过数组名引用数组元素。

```
01: #include<stdio.h>
02: #define N 6
03: void main()
04: {
05:     int a[N];
06:     int i;
07:     printf("请输入 6 个整数:");
08:     for(i=0;i<N;i++)
09:         scanf("%d",a+i);
```

```
10:
11:    printf("数组为:");
12:    for(i = 0;i < N;i + +)
13:        printf(" % d ", * (a + i));
14: }
```

方法五　通过指针下标法引用数组元素。

```
01: # include < stdio. h >
02: # define N 6
03: void main()
04: {
05:     int a[N];
06:     int i, * p;
07:     printf("请输入 6 个整数:");
08:     for(i = 0,p = a;i < N;i + +)
09:         scanf(" % d",&p[i]);
10:
11:     printf("数组为:");
12:     for(i = 0;i < N;i + +)
13:         printf(" % d ",p[i]);
14: }
```

【运行结果】　五种不同的实现方法,若输入 1 空格 2 空格 3 空格 4 空格 5 空格 6 回车,输出结果完全相同,结果如下:

```
请输入 6 个整数:1 2 3 4 5 6
数组为:1 2 3 4 5 6
```

五种方法的比较与分析:

(1) 方法一、二、四和五的执行效率相同。C 编译系统是将 a[i]和 p[i]分别转换为 * (a+i)和 * (p+i)处理的,即先计算元素地址,费时相对较多。

(2) 方法三执行效率相对较高,因为用指针变量指向元素,省去了寻址的过程。

(3) 方法一和方法五比较直观,便于理解;方法三方便灵活、程序简洁、高效。

8.2.4　用数组名作函数参数

数组名代表数组首元素的地址,用数组名作实参,向形参传递的是地址,所以形参可以是数组名,也可以是指针。

【例 8-6】　将数组逆置。

```
01: # include < stdio. h >
02: # include < time. h >
03: # define N 6
04: void inverse(int x[])                    //定义函数
```

```
05: {
06:     int *p, *q, t;
07:     for(p = x, q = x + N - 1; p < q; p++, q--)        //p指向首元素,q指向末尾元素
08:     {
09:         t = *p;
10:         *p = *q;
11:         *q = t;
12:     }
13: }
14:
15: void main()
16: {
17:     int a[N];
18:     int i;
19:     srand((unsigned)time(NULL));
20:     for(i = 0; i < N; i++)
21:         a[i] = rand() % 100;                          //生成100以内的随机数作为数组元素
22:
23:     printf("逆置前的数组:");
24:     for(i = 0; i < N; i++)
25:         printf(" % d ", a[i]);
26:
27:     inverse(a);
28:
29:     printf("\n逆置后的数组:");
30:     for(i = 0; i < N; i++)
31:         printf(" % d ", a[i]);
32: }
```

【程序说明】

（1）假如形参是数组名，C语言编译系统也会将数组名作指针变量进行处理。

（2）假如形参是数组名，实际上还是一个指针变量，所以不会真正地开辟一个数组空间。子函数一般设有两个形参，一个是指针变量，另一个是整型变量；其中的整数用来接收需要处理的元素个数。以上程序中定义了符号常量N表示数组的长度，所以子函数只有一个参数。

8.3　指针和二维数组

指针变量指向多维数组，其在概念和使用方法上和一维数组有很大差异。

8.3.1　二维数组的行地址与列地址

设有一个3行4列的二维数组，定义为：

```
int a[3][4] = {{1,3,5,7},{2,4,6,8},{0,3,6,9}};
```

该二维数组的逻辑结构如图 8-4 所示。

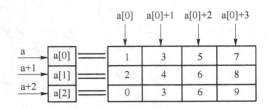

图 8-4　二维数组逻辑结构图

可将二维数组 a 看成是由 a[0]、a[1]和 a[2]三个元素组成的一维数组,a 是数组名,代表该一维数组的首地址,也是首元素的地址,即 a[0]的地址(&a[0])。根据一维数组和指针的关系,表达式 a+1 表示元素 a[1]的地址(&a[1]),表达式 a+2 表示元素 a[2]的地址(&a[2])。简而言之,a+i 表示元素 a[i]的地址。

如果将二维数组名 a 看成一个行地址,行地址每次加 1 都指向下一行,所以 a+i 表示第 i 行的地址。

a[0]、a[1]和 a[2]分别是由 4 个 int 型元素组成的一维数组的数组名。例如,a[0]是由 a[0][0]、a[0][1]、a[0][2]和 a[0][3]四个元素组成的一维数组,a[0]是数组名,也是首元素的地址,即 a[0][0]的地址(&a[0][0]),那么表达式 a[0]+1 表示 a[0][1]的地址(&a[0][1]),a[0]+2 表示 a[0][2]的地址(&a[0][2]),a[0]+3 表示 a[0][3]的地址(&a[0][3])。简而言之,a[i]+j 表示 a[i][j]的地址(&a[i][j])。

如果把 a[i]看成一个列地址,列地址每次加 1 都指向下一列,所以 a[i]+j 表示第 j 列的地址。

8.3.2　二维数组的行指针与列指针

根据对二维数组的行地址和列地址的分析可知,二维数组有行指针和列指针之分。

行指针指向一行元素的指针,即指向一维数组的指针,是一种特殊的指针变量。

定义行指针的一般格式:

类型符(＊行指针名)[常量];

说明:

(1) 类型符用于指定行指针所指向一维数组的类型。

(2) 常量用于指定行指针所指向一维数组的长度。

例如"int(＊p)[3];"定义了行指针 p,该行指针可指向包含 3 个整型元素的一维数组。

如果行指针 p 被赋值为二维数组的数组名 a,则通过行指针 p 引用二维数组元素 a[i][j]有以下四种形式:

＊(＊(p+i)+j)

＊(p[i]+j)

p[i][j]

＊(p+i)[j]

【例 8-7】 通过行指针引用二维数组元素。

```
01：#include<stdio.h>
02：int main()
03：{
04：    int a[3][4]={{1,3,5,7},{2,4,6,8},{0,3,6,9}};
05：    int (*p)[4];
06：    int i,j;
07：    for(p=a,i=0;i<3;i++)
08：    {
09：        for(j=0;j<4;j++)
10：            printf("%d",*(*(p+i)+j));
11：        printf("\n");
12：    }
13：    return 0;
14：}
```

【运行结果】

```
1  3  5  7
2  4  6  8
0  3  6  9
```

思考：若将 07～12 行的嵌套循环更换为以下形式,是否存在语法错误? 若无语法错误,请问输出结果是什么?

```
for(p=a;p<a+3;p++)
{
    for(j=0;j<4;j++)
        printf("%d",*(*p+j));
    printf("\n");
}
```

由于列指针指向的是数组元素,所以和指向一维数组元素的指针定义方法一样。定义列指针的一般格式:

类型符 * 指针名;

例如:

```
int *p;
```

由于二维数组占用的存储空间不是由若干行和列组成的,而是 $m \times n$ 个元素的连续存储空间。假如列指针 p 指向二维数组的第一个元素 a[0][0],由于 a[i][j] 和 a[0][0] 之间有 $i \times n + j$ 个元素,因此 a[i][j] 的地址可表示为 $p+i \times n+j$,a[i][j] 元素可表示为 $\times(p+i \times n+j)$ 或 p[p+i×n+j]。

【例 8-8】 通过列指针引用二维数组元素。

方法一：

```
01：#include<stdio.h>
02：void main()
03：{
04：    int a[3][4]={{1,3,5,7},{2,4,6,8},{0,3,6,9}};
05：    int *p=*a;
06：    int i,j;
07：    for(i=0;i<3;i++)
08：    {
09：        for(j=0;j<4;j++)
10：            printf("%d",*(p+i*4+j));
11：        printf("\n");
12：    }
13：}
```

【运行结果】

```
1  3  5  7
2  4  6  8
0  3  6  9
```

方法二：

```
01：#include<stdio.h>
02：void main()
03：{
04：    int a[3][4]={{1,3,5,7},{2,4,6,8},{0,3,6,9}};
05：    int *p=*a;
06：
07：    for( ;p<*a+12;p++)
08：        printf("%d",*p);
09：}
```

【运行结果】

```
1  3  5  7  2  4  6  8  0  3  6  9
```

【程序说明】 由于二维数组占用 3×4 个元素的连续存储空间,因此方法二把二维数组直接当成一维数组进行处理。

8.4 指针和字符串

通过指针引用字符串可以使字符串的处理更加灵活方便。

8.4.1 通过字符数组名引用字符串

在 C 程序中,字符串存放于字符数组中,所以可以通过数组名和下标引用字符串中的字符,也可以通过数组名和格式声明"％s"引用字符串。

【例 8-9】 通过数组名引用字符串应用举例。

```
01: # include < stdio.h >
02: # include < string.h >
03: void main()
04: {
05:     char a[] = "a good beginning is half done";
06:     int i = 0;
07:     printf(" % s\n",a);
08:     puts(a);
09:     while(a[i]! = '\0')
10:     {
11:         printf(" % c",a[i]);
12:         i++;
13:     }
14: }
```

【运行结果】

```
a good beginning is half done
a good beginning is half done
a good beginning is half done
```

【程序说明】

(1) 07 行通过数组名和格式声明"％s"对字符串整体访问。

(2) 08 行通过数组名和字符串输出函数 puts 对字符串整体访问。

(3) 11 行通过数组名和下标访问单个字符,结合循环结构实现字符串的整体访问。

8.4.2 通过指针变量引用字符串

通过指针变量可以引用字符串,但该指针变量应声明为字符类型。例如:"char * p;"。

【例 8-10】 通过指针变量引用字符串应用举例。

```
01: # include < stdio.h >
02: # include < string.h >
03: void main()
04: {
05:     char * p = "a good beginning is half done";
06:     int i = 0;
07:     printf(" % s\n",p);
08:     puts(p);
```

```
09:    while( * (p + i))
10:    {
11:        printf(" % c", * (p + i));
12:        i + + ;
13:    }
14:    printf("\n");
15:    while( * p! = '\0')
16:    {
17:        printf(" % c", * p);
18:        p + + ;
19:    }
20: }
```

【运行结果】

```
a good beginning is half done
a good beginning is half done
a good beginning is half done
a good beginning is half done
```

【程序分析】

（1）05 行定义了一个字符型指针变量 p,用字符串进行初始化。编译系统根据字符串长度在内存中开辟一个字符数组用来存放字符串常量,并把第一个字符的地址赋给指针变量 p,使 p 指向字符串的第 1 个字符。

（2）05 行字符指针变量的定义及初始化语句可以拆写为两句,即先定义字符指针变量,然后初始化。

```
char * p;
p = "a good beginning is half done";
```

但不能写为:

```
char * p;
 * p = "a good beginning is half done";
```

（3）字符指针是变量,数组名是地址常量。

（4）字符数组中各元素的值是可以改变的,但字符指针变量指向的字符串常量中的内容是不可以被取代的。

（5）在编译时,为字符数组分配若干存储单元,而对字符指针变量只分配一个存储单元。

8.5 指 针 数 组

一个数组,如果其元素均为指针,称为指针数组。也就是说,指针数组中的每一个元素都存放一个地址,相当于一个指针变量。

定义指针数组的一般格式：

类型符 * 数组名[数组长度]；

例如：

int * p[4]；

由于数组元素下标运算符[]的优先级高于指针运算符 * ，所以定义语句"int * p[4]；"等价于"int * (p[4])；"，表示定义了一个长度为 4 的数组 p，该数组的类型为 int 型指针(int *)，即数组中的元素类型为 int 型指针(int *)，所以 p[4]为指针数组。

注意：类型符中包括" * "，如"int * "表示指向 int 型数据的指针类型。

注意行指针和指针数组之间的区别。

```
int * p[4];        //定义了一指针数组,数组中的每个元素均可指向一个 int 型变量
int( * p)[4];      //定义了一行指针,该指针可指向包含 4 个整型元素的一维数组
```

使用指针数组可以方便灵活的处理多个字符串。

【例 8-11】 指针数组应用举例。

```
01: #include< stdio.h>
02: int main()
03: {
04:     char * s[] = {"a ","good","beginning ","is ","half ","done"};
05:     int i;
06:     for(i = 0;i < 6;i + + )
07:         printf(" % s",s[i]);
08:     return 0;
09: }
```

【运行结果】

a good beginning is half done

【程序说明】

(1) 04 行定义了指针数组 s，数组中每个元素都是一个指针，分别指向一个字符串，示意图如 8-5 所示。

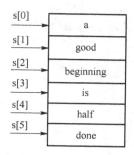

图 8-5 指针数组示意图

(2) 07 行通过指针变量可以引用字符串。

8.6　指向函数的指针

编译系统为每个函数分配一段存储空间,这段存储空间的起始地址称为函数的指针。因此,可以定义一个指向函数的指针变量用来存放函数的起始地址,这就意味着此指针变量指向该函数。

定义指向函数的指针的一般格式:

类型符(＊指针变量名)(函数参数表列)

例如:

```
int(＊p)( int , int );
```

定义 p 是一个指向函数的指针变量,它可以指向函数类型为整型且有两个整型参数的函数。

说明:

(1) 指向函数的指针变量只能指向在定义时指定的类型的函数。

(2) 在给函数指针变量赋值时,只需给出函数名,无须给出参数。

(3) 通过函数指针调用函数,只需将(＊p)代替函数名即可。

【例 8-12】　通过指向函数的指针调用函数。

```
01：＃include< stdio. h>
02：void main()
03：{
04：    int sum(int a,int b);                //函数声明
05：    int abs(int a);                      //函数声明
06：    int x,y;
07：    int (＊p)(int ,int);                 //定义指向函数的指针变量
08：    int (＊q)(int);                      //定义指向函数的指针变量
09：    printf("请输入两个整数:");
10：    scanf("％d％d",&x,&y);
11：    p = sum;                             //p 指向 sum 函数
12：    q = abs;                             //q 指向 abs 函数
13：    printf("％d＋％d＝％d\n",x,y,(＊p)(x,y));   //调用 p 指向函数
14：    printf("％d 的绝对值为％d",x,(＊q)(x));      //调用 q 指向函数
15：}
16：
17：int sum(int a,int b)
18：{
19：    int n;
20：    n = a＋b;
21：    return n;
22：}
23：
```

```
24：int abs(int a)
25：{
26：    if(a<0)
27：        a* = -1;
28：    return a;
29：}
```

【运行结果】 若输入-2空格5回车,输出结果：

```
请输入两个整数：-2 5
-2+5=3
-2 的绝对值为 2
```

8.7 返回指针值的函数

一个函数可以返回基本类型的数据,也可以返回指针类型的数据。

定义返回指针值的函数的一般形式：

类型符 * 函数名(参数表列);

例如：

int * p(int , int);

定义了有两个 int 型参数的函数 p,该函数将返回指向 int 型变量的指针。

由于函数参数表运算符()的优先级高于指针运算符 *,所以定义语句"int * p(int , int);"等价于"int * (p(int , int));",表示定义了函数名为 p 的函数,该函数的类型为 int 型指针(int *),即函数返回值的类型为 int 型指针(int *)。

注意以下两者的区别：

```
int( * p)( int , int );        //定义了指向函数的指针,指针名为 p
int * p( int , int );          //定义了返回指针值的函数,函数名为 p
```

【例 8-13】 查找数组中的最大值及元素下标。

```
01：# include < stdio. h >
02：# define N 10
03：void main()
04：{
05：    int * fun(int * x);                      //函数声明
06：    int a[] = {1,3,7,2,9,4,0,6,8,5};
07：    int * p;                                 //p 指向最大值
08：    p = fun(a);
09：    printf("数组中的最大值是下标为 %d 的元素,值为 %d\n",p-a, * p);
10：}
```

```
11:
12: int * fun(int * x)
13: {
14:     int * p, * q;                        //p指向数组元素,q指向最大值
15:     for(p = x,q = x;p < x + N;p + + )
16:         if( * p > * q)
17:             q = p;
18:     return q;
19: }
```

【运行结果】

数组中的最大值是下标为 4 的元素,值为 9

8.8　动态内存分配与指向它的指针变量

全局变量和静态局部变量分配在静态存储区,编译时分配存储空间,直到程序终止被操作系统收回。局部变量和形参分配在一个称为栈的存储区域,函数执行结束,自动释放内存。在实际应用中,有些数据在需要时开辟空间,不需要时随时释放,而一个称为堆的自由存储区域可以临时存放这些数据。

动态内存分配是指在程序运行时为程序分配内存的一种方法,指针为 C 语言的动态内存分配系统提供支持。

当程序需要动态定义数据结构(链表、二叉树等)时,要求程序根据需要动态分配和释放内存,这就需要用动态内存分配函数来实现。

ANSI C 标准定义了四个动态分配函数:malloc,calloc,free 和 realloc 函数,使用这些函数可以随时分配和释放存储空间,但在使用时,要用"#include < stdlib. h >"命令把"stdlib. h"头文件包含到程序文件中。

1. 函数 malloc( )

malloc 函数的原型:

```
void * malloc(unsigned int size);
```

其中,size 为无符号整型,表示向系统申请空间的大小。malloc 函数用于在内存的动态存储区中分配一个长度为 size 的连续空间。若函数调用成功,将返回一个指向该存储区域的void 类型的指针;若系统不能提供足够的存储空间,将返回空指针(NULL)。void 类型的指针常用来说明其基类型未知的指针,所以在将函数的返回值赋给某指针时,要先根据该指针的类型,将返回指针的类型强制转换为所需的类型。

例如:int * p;

```
p = (int * )malloc(sizeof(int));
```

其中,malloc(sizeof(int))表示申请了一个 int 型数据的存储空间,将返回地址强制类型转换后赋给指针变量 p。

2. 函数 calloc()

calloc 函数的原型：

```
void * calloc(unsigned n,unsigned size);
```

其中，n 表示向系统申请内存空间的数量，size 表示申请的每个空间的大小。calloc 函数用于在内存的动态区域中分配 n 个长度为 size 的连续空间。

用 calloc 函数申请的存储单元相当于一个一维数组，n 为数组元素的个数，每个元素的长度为 size。若函数调用成功，将返回数组的首地址；否则，将返回空指针（NULL）。例如：

```
float * pf = NULL;
pf = (float * )calloc(6,sizeof(float));
```

表示系统申请 6 个连续的 float 类型的存储单元，并用指针 pf 指向该连续存储单元的首地址。通过调用 calloc 函数所分配的存储单元，系统将其自动置初值为 0。

3. 函数 free()

free 函数的原型：

```
void free(void * p);
```

该函数的功能是释放指针变量 p 所指向的动态空间，该函数没有返回值。函数 free()中的形参只能是由 malloc 函数或 calloc 函数申请空间时返回的地址。

例如，将前面申请的 float 类型指针 pf 所指向的 6 * sizeof(float)字节的存储空间释放，应使用下面的语句：

```
free(pf);          //释放指针变量 pf 所指向的已分配的动态空间
```

4. 函数 realloc()

如果已经通过 malloc 函数或 calloc 函数获得了动态空间，想改变其大小，可以用 realloc 函数重新分配。

realloc 函数的原型：

```
void * realloc(void * p, unsigned int size);
```

realloc 函数用于将 p 所指向的动态空间的大小更改为 size 个字节，函数的返回值是新分配存储空间的首地址，与 p 的值不一定相同。如果重新分配不成功，返回 NULL。例如：

```
pf = (float * )realloc(pf,10 * sizeof(float));
```

将 pf 所指向的已分配的动态空间更改为 10 个 float 类型的存储单元。

【例 8-14】 建立动态数组，输入 5 个学生的成绩，另外用一个函数计算最高分，然后输出。

```
01: # include< stdio.h>
02: # include< stdlib.h>
03: void main( )
04: {
05:     void fun(int * p);
```

```
06:        int * p,i;
07:
08:        p = (int * )calloc(5,sizeof(int));          //开辟连续的动态内存
09:        printf("请输入 5 名学生的成绩:");            //输入 5 名学生的成绩
10:        for(i = 0;i < 5;i + + )
11:            scanf(" % d",p + i);
12:
13:        printf("这 5 名学生的成绩分别为:");           //输出 5 名学生的成绩
14:        for(i = 0;i < 5;i + + )
15:            printf(" % d ",*(p + i));
16:        fun(p);
17: }
18:
19: void fun(int * p)
20: {
21:        int i,n = * p;
22:        for(i = 1;i < 5;i + + )
23:            if( * (p + i)> n)
24:                n = * (p + i);
25:        printf("\n 最高分为 % d\n",n);
26: }
```

【运行结果】 若输入 10 空格 40 空格 70 空格 80 空格 50 回车,输出结果:

```
请输入 5 名学生的成绩:10   40   70   80   50
这 5 名学生的成绩分别为:10   40   70   80   50
最高分为80
```

【程序说明】

(1) 08 行,调用 calloc 函数开辟了一段连续的动态分配区,作为动态数组使用。

(2) 若注释掉 09～11 行,则输出 5 名学生的成绩均为 0。

(3) 若将 08 行代码更换为"p＝(int ＊)malloc(5 ＊ sizeof(int));",同样开辟一段连续的动态分配区,程序依然可行。

(4) 在不同系统中存放一个整数的字节数不同,为了程序具有通用性,常用 sizeof 运算符测定在本系统中整数的字节数。

本 章 小 结

本章重点学习了 C 语言中提供的特殊数据类型,并且详细介绍了用指针作函数参数与用简单变量作函数参数的不同之处,以及指针和数组之间的关系;介绍了指针数组、函数指针等概念及其应用;讨论了动态数组的实现。

首先,指针是 C 语言提供的一种比较特殊的数据类型。定义指针类型的变量和其他类型

的变量主要区别在于指针变量的值是地址。

其次,在 C 语言中,指针和数组之间有密不可分的联系,数组名代表数组的首地址,所以对数组元素的引用可以使用下标法,也可以使用指针法;用指针法存取数组比用数组下标速度要快。反之,任何指针变量也可以取下标,像对待数组一样使用。

指针的一个重要应用是作函数参数,为函数提供修改调用变量的手段。

指针的另一个重要应用是与动态内存分配函数联用,使定义动态数组成为可能。

习　题

1. 单选题。

(1) 以下程序中调用 scanf 函数给变量 a 输入数值的方法是错误的,其错误原因是
(　　)。

```
void main()
{
    int * p, * q,a,b;
    p = &a;
    printf("input a: ");
    scanf("% d", * p);
    ......
}
```

A. * p 表示的是指针变量 p 的地址

B. * p 表示的是变量 a 的值,而不是变量 a 的地址

C. * p 表示的是指针变量 p 的值

D. * p 只能用来说明 p 是一个指针变量

(2) 下面程序应能对两个整型变量的值进行交换,以下正确的说法是(　　)。

```
void main()
{
    void swap(int p, int q);
    int a = 10,b = 20;
    pirntf("(1) a = % d,b = % d\n",a,b);
    swap(&a,&b);
    printf("(2) a = % d,b = % d\n",a,b);
}
vodi swap(int p,int q)
{
    int t;
    t = p; p = q; q = t;
}
```

A. 该程序完全正确

B. 该程序有错,只要将语句 swap(&a,&b); 中的参数改为 a,b 即可

C. 该程序有错,只要将 swap() 函数中的形参 p、q 和 t 均定义为指针(执行语句不变)即可

D. 以上说法都不正确

(3) 以下判断正确的是(　　)。

A. char * a = "china"; 等价于 char * a; * a = "china";

B. char str[10] = {"china"}; 等价于 char str[10]; str[] = {"china"};

C. char * s = "china"; 等价于 char * s; s = "china";

D. char c[4] = "abc",d[4] = "abc"; 等价于 char c[4] = d[4] = "abc";

(4) 设有程序段:

```
char s[] = "china"; char * p; p = s;
```

则下列叙述正确的是(　　)。

A. s 和 p 完全相同

B. 数组 s 中的内容和指针变量 p 中的内容相等

C. s 数组长度和 p 所指向的字符串长度相等

D. * p 与 s[0] 相等

(5) 以下与库函数 strcpy(char * p1,char * p2) 功能不相等的程序段是(　　)。

A. strcpy1(char * p1,char * p2){while((* p1 ++ = * p2 ++) ! = '\0');}

B. strcpy2(char * p1,char * p2){while((* p1 = * p2) ! = '\0'){p1 ++ ;p2 ++ ;}}

C. strcpy1(char * p1,char * p2){while((* p1 ++ = * p2 ++);}

D. strcpy1(char * p1,char * p2){while(* p2) * p1 ++ = * p2 ++ ;}

(6) 若有以下定义和语句,则对 a 数组元素地址的正确引用为(　　)。

```
int a[2][3],( * p)[3];
p = a;
```

A. * (p+2) 　　　　　　　　　　B. p[2]

C. p[1]+1 　　　　　　　　　　D. (p+1)+2

(7) 已有定义 int(* p)(); 指针 p 可以(　　)。

A. 代表函数的返回值

B. 指向函数的入口地址

C. 表示函数的类型

D. 表示函数返回值的类型

2. 下面程序的运行结果是(　　)。

```
# include < ctype.h >
fun(char * p)
{
    int i,t;
```

```
    char ts[81];
    for(i = 0,t = 0;p[i]! = '\0';i + = 2)
        if(! isspace( * p + i)&&( * (p + i)! = 'a'))
            ts[t + + ] = toupper(p[i]);
    ts[t] = '\0';
    strcpy(p,ts);
}
void main()
{
    char str[81] = {"a b c d ef g"};
    fun(str);
    puts(str);
}
```

3. 用指针 p 和 q 指向变量 a 和 b,通过指针 p 输出较小的值。

4. 输入 a 和 b 两个整数,按由大到小的顺序输出结果。要求使用指针实现,且不交换变量 a 和 b 的值。

5. 输入三个整数 a、b、c,要求使用指针按由大到小的顺序输出结果。

6. 编写 fun 函数,向长度位 m 的有序数组中插入一个元素 e,插入后数组依然有序。函数首部:void fun(int * p,int m,int e)。

7. 有一个 3×4 的二维数组,要求用行指针输出二维数组任意一行元素的值。

8. 编写函数 scopy(char * s,char * t),将指针 t 所指的字符串复制到指针 s 所指的存储空间中。

9. 编写函数 scomp(char * s1,char * s2),将两个字符串 s1 和 s2 进行比较。若 s1= s2,函数返回值为 0;若 s1≠s2,返回二者第一个不同字符的 ASCII 码差值。

10. 编写函数 char delchar(char * s,int pos),删除字符串中指定位置(下标)上的字符。若删除成功,函数返回被删字符;否则,返回空值。

第9章　结构体和共用体

C语言不仅提供了int,float,char等基本数据类型,而且允许用户根据需要定义新的数据类型,这种用户自定义的数据类型称为构造类型。

数组是相对简单的一种构造类型。

9.1　定义和使用结构体变量

用户可以使用C语言提供的基本数据类型(如int,float,char等)解决相对简单的数值计算问题,但在实际应用中,面对复杂的问题往往需要将不同类型、相互关联的数据组合成一个有机整体。例如,一名学生包括学号、姓名、性别、年龄、家庭地址、成绩等基本信息,如表9-1所示,可以看到性别(男)、年龄(18)、家庭地址(北京)、成绩(92)属于学号为201012的学生。如果将性别、年龄、家庭地址等分别定义为互相独立的简单变量,难以反映他们之间的内在联系,所以需要把这些数据组合起来定义成一个结构(structure),以此来表示一个有机的整体或一种新的类型。

表9-1　学生信息表

学号	姓名	性别	年龄	家庭地址	成绩
201012	冯健	男	18	北京	92
201269	杨桃	女	17	深圳	89
...	...	...	...	...	...

用一个数组来存储一名学生的信息显然是行不通的,因为一个数组中只能存放同一类型的数据。学号、年龄和成绩可以设置为整型,但是姓名和家庭地址需要使用字符串表示。

9.1.1　结构体类型的定义

用户自己建立,由不同类型数据组成的数据结构称为结构体。

声明一个结构体类型的一般形式:

```
struct 结构体名
{
    类型名 1    成员名 1;
    类型名 2    成员名 2;
    ……
    类型名 n    成员名 n;
};
```

说明：

（1）关键字 struct 是结构体类型的标识。"struct 结构体名"共同构成结构体类型名。

（2）花括号{ }内是结构体包含的子项，称为结构体成员，每个成员变量表示一个数据项。

（3）结构体成员的类型可以是基本类型（int，float，char），还可以是数组、指针、其他结构体类型等。

（4）一个结构体中的成员变量不能重名，但是与结构体外的其他变量同名，并不产生冲突。

（5）与变量类似，若结构体定义在函数外，其作用域从定义点到文件尾；若定义在函数内，则只适用于本函数。

（6）花括号后的分号不能省略，它标志着类型定义的结束。

例如，学生基本信息包括学号、姓名、性别、出生日期和家庭地址，可以声明结构体类型如下：

```
struct date                        //声明一个结构体类型 struct date
{
    int year;                      //年
    int month;                     //月
    int day;                       //日
};


struct student                     //声明一个结构体类型 struct student
{
    int num;                       //学号
    char name[20];                 //姓名
    char sex;                      //性别
    struct date birthday;          //出生日期 birthday 属于 struct date 类型
    char addr[20];                 //家庭地址
};
```

9.1.2　结构体变量的定义

为了能在程序中使用结构体类型的数据，应当定义结构体类型的变量，并在其中存放具体的数据。

定义结构体类型变量有三种形式。

形式一：先声明结构体类型，后定义该类型的变量。

```
struct 结构体名
{
    类型名 1 成员名 1;
    类型名 2 成员名 2;
    ......
    类型名 n 成员名 n;
};
struct 结构体名 变量名 1[，变量名 2，…，变量名 m];
```

在 9.1.1 节中已经定义了一个结构体类型 struct student,可以用它来定义 struct student
变量。例如：

```
struct student s1,s2;//定义了 s1 和 s2 两个 struct student 类型的变量
```

在声明类型后随时可以定义变量,相对灵活,所以是最常见的一种定义方式。

形式二:声明结构体类型的同时,定义该类型的变量。

```
struct 结构体名
{
    类型名 1 成员名 1;
    类型名 2 成员名 2;
    ……
    类型名 n 成员名 n;
}变量名 1[,变量名 2,…,变量名 m];
```

例如：

```
struct student
{
    int num;          //学号
    char name[20];    //姓名
    char sex;         //性别
    int age;          //年龄
    char addr[20];    //家庭地址
}s1,s2;
```

它的作用与形式一相同,在声明 struct student 类型的同时定义了变量 s1 和 s2,能直接看
到结构体的结构,相对直观。

形式三:利用无名结构体类型定义变量。

```
struct
{
    类型名 1 成员名 1;
    类型名 2 成员名 2;
    ……
    类型名 n 成员名 n;
}变量名 1[,变量名 2,…,变量名 m];
```

例如：

```
struct
{
    int num;          //学号
    char name[20];    //姓名
    char sex;         //性别
    int age;          //年龄
    char addr[20];    //家庭地址
}s1,s2;
```

这种形式可以不指明结构体名而直接定义出各个结构体类型的变量,但有一个缺点,就是在程序的其他位置不能再以此结构体类型去定义其他变量,所以一般不常用。

说明:

(1) 在定义了结构体变量后,系统会根据结构体类型中包含的成员情况分配相应的内存单元。

(2) 理论上系统分配给结构体类型变量的内存是各成员所需内存的总和,但在实际分配内存的过程中会产生一定的偏移量。

(3) 对结构体变量的成员可以单独使用,它的作用与地位相当于简单变量。

对结构体类型变量分配内存的三个基本原则:

(1) 结构体变量的首地址能够被其最宽基本类型成员的大小所整除。

(2) 结构体每个成员相对于结构体首地址的偏移量都是成员大小的整数倍。

(3) 结构体的总大小为结构体最宽基本类型成员大小的整数倍。

例如:

```
struct
{
    char a;
    int b;
    char c;
}x;
```

结构体类型的变量 x 占用存储空间大小(通过运算符 sizeof(x)计算结果)为 12。

假设从 0 开始为结构体变量分配内存,那么 0 存储单元分配给结构体成员 a;根据原则(2),1 不是 4 的整数倍,所以从 4 开始分配,4~7 存储单元分配给结构体成员 b;8 存储单元分配给结构体成员 c;根据原则(3),结构体的总大小为结构体最宽基本类型成员大小的整数倍,9 不是 4 的整数倍,所以,sizeof(x)的结果为 12。

思考: sizeof(x)的结果是多少?

```
struct
{
    char a[6];
    double b;
    int c;
}x;
```

9.1.3　结构体变量的初始化和引用

在定义结构体变量时可以对其初始化。结构体变量的初始化只需在变量名后加一对花括号,花括号内提供一些常量,即将这些常量依次赋给结构体变量的各成员。

例如：

```
struct student
{
    int num;                        //学号
    char name[20];                  //姓名
    char sex;                       //性别
    int age;                        //年龄
    char addr[20];                  //家庭地址
}s1 = {201012,"Feng Jian",'M',18,"Beijing"},
s2 = {201269,"Yang Tao",'F',17,"Tianjin"};
```

声明结构体类型 struct student 的同时定义了该类型的两个变量 s1 和 s2，并进行初始化。

结构体变量初始化后就可以引用此变量了。与数组的引用相似，不能一次引用整个结构体变量，只能逐个引用结构体变量的成员变量。

引用结构体成员的一般形式：

结构体变量名. 成员名

其中的圆点符号称为成员运算符，它的运算级别最高。

说明：

(1)"结构体变量名. 成员名"是一个整体，表示一个成员变量。

(2)若成员变量本身又是一个结构体变量，只能引用最低一级的成员变量。

例如：s1. age

【例 9-1】 把一个学生的信息（包括学号、姓名、出生日期）放在一个结构体变量中，然后输出这个学生的信息。

```
01： # include < stdio. h >
02： void main()
03： {
04：     struct date                 //声明结构体类型 struct date
05：     {
06：         int year;
07：         int month;
08：         int day;
09：     };
10：
11：     struct student              //声明结构体类型 struct student
12：     {
13：         int num;                //学号
14：         char name[20];          //姓名
15：         struct date birthday;   //出生日期
16：     }s = {201012,"Feng Jian",2002,4,30};//定义结构体变量 s 并初始化
17：
18：     printf("学号 %d,姓名 %s,出生日期 %d- %d- %d",s.num,s.name,
            s.birthday.year,s.birthday.month,s.birthday.day);
19： }
```

【运行结果】

学号 201012,姓名 Feng Jian,出生日期 2002-4-30

【程序说明】

(1) 11～16 行在声明结构体类型的同时定义该类型的变量 s,并进行初始化。

(2) 15 行结构体成员 birthday 的类型是结构体类型 struct date。

(3) 18 行通过对结构体成员的引用,实现对结构体变量 s 的引用。

(4) 因为结构体成员 birthday 的类型是结构体类型 struct date,所以要用多个成员运算符,一级一级地找到最低的一级成员。

可以在定义结构体变量时对其初始化;也可以先定义结构体变量,后进行初始化。

定义结构体变量 s1 的同时进行初始化语句:

```
struct student s1 = {1,"zhang San",'F',22};
```

不可改写为:

```
struct student s1 ;
s1 = {1,"zhang San",'F',22};
```

但可以写为:

```
struct student s1 ;
s1.num = 1;
strcpy(s1.name,"Zhang San");
s1.sex = 'F';
s1.age = 22;
```

若结构体变量 s1 已正确初始化,可以借助 s1 对结构体变量 s2 整体赋值。例如:

```
struct student s2 ;
s2 = s1;
```

9.2　结构体数组

一个结构体变量只能表示一个记录,假如有 n 个记录需要做相同的处理,很显然应该使用数组,即结构体数组。结构体数组中的每个元素都是一个结构体类型的数据。

9.2.1　结构体数组的定义

定义结构体数组与定义结构体变量相似,也有三种不同的形式。

形式一：先声明结构体类型，后定义该类型的数组。

```
struct 结构体名
{
    类型名 1 成员名 1;
    类型名 2 成员名 2;
    ……
    类型名 n 成员名 n;
    };
struct 结构体名 数组名 1[长度 1][, 数组名 2[长度 2], …, 数组名 m[长度 m]];
```

这是最常用的一种形式。例如：

```
struct student
{
    int num;                //学号
    char name[20];          //姓名
    char sex;               //性别
    int age;                //年龄
    char addr[20];          //家庭地址
};
struct student s1[5],s2[3];
```

先声明结构体类型 struct student，后定义 struct student 类型的两个数组 s1 和 s2。

形式二：声明结构体类型的同时，定义该类型的数组。

```
struct 结构体名
{
    类型名 1 成员名 1;
    类型名 2 成员名 2;
    ……
    类型名 n 成员名 n;
}数组名 1[长度 1][, 数组名 2[长度 2], …, 数组名 m[长度 m]];
```

形式三：利用无名结构体类型定义数组。

```
struct
{
    类型名 1 成员名 1;
    类型名 2 成员名 2;
    ……
    类型名 n 成员名 n;
}数组名 1[长度 1][, 数组名 2[长度 2], …, 数组名 m[长度 m]];
```

9.2.2　结构体数组的初始化和引用

在定义结构体数组时可以对它初始化,有三种不同的方式:先声明结构体类型,后定义该类型的数组,在定义数组的同时进行初始化,这是最常用的一种方式;声明结构体类型的同时,定义该类型的数组并进行初始化;利用无名结构体类型定义数组并进行初始化。

例如:

```
struct student
{
    int num;                  //学号
    char name[20];            //姓名
    char sex;                 //性别
    int age;                  //年龄
    char addr[20];            //家庭地址
};
struct student s1[2] = {{201012,"Feng Jian",'M',18,"Beijing"},
{201269,"Yang Tao",'F',17,"Tianjin"}};
```

先声明结构体类型 struct student,后定义 struct student 类型的数组 s1[2],并进行了初始化。

【例 9-2】　有 5 名学生的信息(包括学号、姓名和年龄),要求按照年龄由低到高的顺序输出学生信息。

```
01: # include< stdio.h>
02: # define N 5
03: struct student
04: {
05:     int num;
06:     char name[20];
07:     int age;
08: };
09:
10: void main()
11: {
12:     struct student t;
13:     struct student s[] = {{1001,"zhao",18},{1002,"qian",21},
        {1003,"sun",17},{1004,"li",19},{1005,"zhou",20}};
14:     int i,j;
15:     for(i = 0;i < N - 1;i + +)
16:     {
17:         for(j = 0;j < N - i - 1;j + +)
18:         {
19:             if(s[j].age > s[j + 1].age)
20:             {
21:                 t = s[j];
22:                 s[j] = s[j + 1];
23:                 s[j + 1] = t;
```

```
24:                    }
25:               }
26:          }
27:
28:     for(i = 0;i < N;i + +)
29:          printf("学号 % d,姓名 % s,年龄 % d\n",s[i].num,s[i].name,s[i].age);
30: }
```

【运行结果】

```
学号 1003,姓名 sun,年龄 17
学号 1001,姓名 zhao,年龄 18
学号 1004,姓名 li,年龄 19
学号 1005,姓名 zhou,年龄 20
学号 1002,姓名 qian,年龄 21
```

【程序说明】

（1）03～08 行声明结构体类型 struct student。

（2）12 行定义了 struct student 类型的变量 t。

（3）13 行定义了 struct student 类型的数组 s[5]，同时对数组进行了初始化。

（4）15～26 行采用冒泡排序的方法根据年龄进行升序排序。

（5）结构体数组中的一个元素相当于一个结构体变量，由于不能一次性引用整个结构体变量，所以不能将 13 行改写为：

```
struct student s[N];
s[0] = {1001,"zhao",18};
s[1] = {1002,"qian",21};
s[2] = {1003,"sun",17};
s[3] = {1004,"li",19};
s[4] = {1005,"zhou",20};
```

9.3　结构体指针

指向结构体变量的指针称为结构体指针。假如把一个结构体变量的起始地址赋给一个指针变量，那么这个指针就指向该结构体变量。

9.3.1　指向结构体变量的指针

定义结构体变量的指针，一般形式如下：

结构体类型 * 指针名 ；

假设已经声明了一个结构体类型 struct student，那么就可以定义一个指向该类型结构体变量的指针，例如：

```
struct student * p;
```

指针变量 p 只能指向 struct student 类型的结构体变量,或者该类型的结构体数组元素。
使用指向结构体变量的指针访问结构体成员,有两种方法。

方法一:使用成员运算符(.)引用结构体成员。

(＊指针名).成员名

例如:

(＊p).name

注意:使用指针(＊指针名)的时候一定要带上括号,因为成员运算符的运算优先级最高,
若不加括号则会先执行成员运算".",然后运行"＊"运算。

方法二:使用指向运算符(—>)指向结构体成员。

指针名—>成员名

例如:

p—> name

注意: p—> name 指向的是结构体变量中成员名 name。

【例 9-3】　有 2 名学生的信息(包括学号、姓名和年龄),要求按照年龄由低到高的顺序输出学生信息。

```
01：#include<stdio.h>
02：struct student                          //声明结构体类型 struct student
03：{
04：      int num;
05：      char name[20];
06：      char sex;
07：      int age;
08：};
09：
10：void main()
11：{
12：      struct student s1 = {1001,"zhao",'F',19};
13：      struct student s2 = {1002,"qian",'M',17};
14：      struct student * p = &s1, * q = &s2;
15：      struct student * t;
16：
17：      if(p—>age>q—>age)
18：      {
19：          t = p;
20：          p = q;
21：          q = t;
22：      }
23：      printf("学号%d,姓名%s,性别%c,年龄%d\n",(＊p).num,(＊p).name,
            (＊p).sex,(＊p).age);
24：      printf("学号%d,姓名%s,性别%c,年龄%d",q—>num,q—>name,
            q—>sex,q—>age);
25：}
```

【运行结果】

学号 1002,姓名 qian,性别 M,年龄 17
学号 1001,姓名 zhao,性别 F,年龄 19

【程序说明】

(1) 12 和 13 行分别定义 struct student 类型的结构体变量 s1 和 s2,并进行初始化。

(2) 14 行定义指向 s1 和 s2 的指针变量 p 和 q。

(3) 15 行定义 struct student 类型的指针变量 t。

(4) 17~22 行经过比较,p 指向年龄较小的变量,q 指向年龄较大的变量。

(5) 23 行使用成员运算符输出结构体变量的有关信息。

(6) 24 行使用指向运算符输出结构体变量的有关信息。

思考:结构体变量 s1 和 s2 的值是否发生了改变?

9.3.2 指向结构体数组的指针

结构体指针变量可以指向结构体数组中的元素。

【例 9-4】 通过指向结构体数组的指针输出结构体数组中的元素。

```
01: #include<stdio.h>
02: #define N 4
03: struct student
04: {
05:     int num;
06:     char name[20];
07:     char sex;
08:     int age;
09: };
10:
11: void main()
12: {
13:     struct student s[] = {{1001,"zhao",'M',19},{1002,"qian",'F',20},
        {1003,"sun",'F',18},{1004,"li",'M',17}};
14:     struct student *p = s;
15:     int i;
16:
17:     printf("正向输出:\n");
18:     for(i = 0;i<N;i++)
19:         printf("学号%d,姓名%s,性别%c,年龄%d\n",(*(p+i)).num,
            (*(p+i)).name,(*(p+i)).sex,(*(p+i)).age);
20:
21:     printf("\n逆向输出:\n");
22:     for(p = s + N - 1;p>=s;p--)
```

```
23:     printf("学号%d,姓名%s,性别%c,年龄%d\n",p->num,p->name,
                p->sex,p->age);
24: }
```

【运行结果】

```
正向输出:
学号 1001,姓名 zhao,性别 M,年龄 19
学号 1002,姓名 qian,性别 F,年龄 20
学号 1003,姓名 sun,性别 F,年龄 18
学号 1004,姓名 li,性别 M,年龄 17

逆向输出:
学号 1004,姓名 li,性别 M,年龄 17
学号 1003,姓名 sun,性别 F,年龄 18
学号 1002,姓名 qian,性别 F,年龄 20
学号 1001,姓名 zhao,性别 M,年龄 19
```

【程序说明】
(1) 13 行定义了 struct student 类型的数组 s[4],并进行初始化。
(2) 14 行定义了 struct student 类型的指针变量 p,并指向数组的首元素。
(3) 19 行使用成员运算符输出数组元素的有关信息。
(4) 22 行指针变量 p 指向数组最后一个元素,并不断向前移动。
(5) 23 行使用指向运算符输出数组元素的有关信息。

9.4 结构体与函数

将结构体变量的值传递给另一个函数,有以下三种方法:
(1) 用结构体变量的成员作参数;
(2) 用结构体变量作参数;
(3) 用指向结构体变量的指针作参数。

9.4.1 结构体变量的成员作参数

用结构体变量的成员作参数,用法和简单变量作参数一样,属于"值传递"。
【例 9-5】 计算 3 名学生的平均分。

```
01: #include<stdio.h>
02: struct student
03: {
04:     int num;
05:     char name[20];
06:     int score;
07: };
```

```
08:
09: void main()
10: {
11:     int ave_score(int a,int b,int c);
12:     struct student x={1001,"zhao",87};
13:     struct student y={1002,"qian",90};
14:     struct student z={1003,"sun",78};
15:     int ave;
16:
17:     ave=ave_score(x.score,y.score,z.score);
18:     printf("3名学生的平均分为%d",ave);
19: }
20:
21: int ave_score(int a,int b,int c)
22: {
23:     int n;
24:     n=a+b+c;
25:     return n/3;
26: }
```

【运行结果】

3名学生的平均分为85

【程序说明】 17行进行函数调用,struct student 类型变量 x、y、z 的 score 成员作函数实参,向对应位置上的形参 int 型简单变量 a、b、c 进行数值传递。

9.4.2 结构体变量作参数

用结构体变量作实参,形参也必须是同类型的结构体变量,属于"值传递",将结构体变量的数据按顺序传递给形参。

【例 9-6】 计算 3 名学生的平均分。

```
01: #include<stdio.h>
02: struct student
03: {
04:     int num;
05:     char name[20];
06:     int score;
07: };
08:
09: void main()
10: {
11:     int ave_score(struct student a,struct student b,struct student c);
```

156

```
12:     struct student x = {1001,"zhao",87};
13:     struct student y = {1002,"qian",90};
14:     struct student z = {1003,"sun",78};
15:     int ave;
16:
17:     ave = ave_score(x,y,z);
18:     printf("3 名学生的平均分为 % d",ave);
19: }
20:
21: int ave_score(struct student a,struct student b,struct student c)
22: {
23:     int n;
24:     n = a. score + b. score + c. score;
25:     return n/3;
26: }
```

【运行结果】

3 名学生的平均分为 85

【程序说明】

（1）17 行进行函数调用，struct student 类型变量 x、y、z 作函数实参，向对应位置上的形参 struct student 类型变量 a、b、c 进行数值传递。

（2）24 行引用结构体变量的成员 score 计算 3 个成绩之和。

9.4.3 指向结构体变量的指针作参数

用指向结构体变量的指针作实参，形参也必须是同类型的指针，属于"地址传递"，将结构体变量的地址传递给形参。

【例 9-7】 通过指向结构体变量的指针交换两个结构体变量的值。

```
01: # include< stdio. h>
02: struct student                        //声明结构体类型 struct student
03: {
04:     int num;
05:     char name[20];
06:     char sex;
07:     int age;
08: };
09:
10: void main()
11: {
12:     void swap(struct student * x,struct student * y);
13:     struct student s1 = {1001,"ZhangFan",'M',19};
```

```
14:    struct student s2 = {1002,"YanMo",'F',18};
15:    struct student * p = &s1, * q = &s2;
16:
17:    printf("交换前:\n");
18:    printf("学号 %d,姓名 %s,性别 %c,年龄 %d\n",s1.num,s1.name,s1.sex,
           s1.age);
19:    printf("学号 %d,姓名 %s,性别 %c,年龄 %d\n",s2.num,s2.name,s2.sex,
           s2.age);
20:    swap(p,q);
21:
22:    printf("\n 交换后:\n");
23:    printf("学号 %d,姓名 %s,性别 %c,年龄 %d\n",s1.num,s1.name,s1.sex,
           s1.age);
24:    printf("学号 %d,姓名 %s,性别 %c,年龄 %d\n",s2.num,s2.name,s2.sex,
           s2.age);
25: }
26:
27: void swap(struct student * x,struct student * y)
28: {
29:    struct student t;
30:    t = * x;
31:    * x = * y;
32:    * y = t;
33: }
```

【运行结果】

```
交换前:
学号 1001,姓名 ZhangFan,性别 M,年龄 19
学号 1002,姓名 YanMo,性别 F,年龄 18


交换后:
学号 1002,姓名 YanMo,性别 F,年龄 18
学号 1001,姓名 ZhangFan,性别 M,年龄 19
```

【程序说明】

(1) 13 和 14 行分别定义了 struct student 类型的变量 s1 和 s2,并进行初始化。

(2) 15 行定义了指向 s1 和 s2 的指针变量 p 和 q。

(3) 19 行中的 s1. num,s1. name,s1. sex,s1. age 可以改写为(* p). num,(* p). name,(* p). sex,(* p). age 或者 p—> num,p—> name,p—> sex,p—> age。

(4) 20 行进行函数调用,struct student 类型指针变量 p 和 q 作实参,向对应位置上的形参 struct student 类型指针变量 x 和 y 进行地址传递。

9.5 共 用 体

有时需要把几种不同类型的变量存放在同一段内存单元中,也就是利用覆盖技术使几个变量互相覆盖。这种几个不同的变量共同占用一段内存的结构类型称作共用体,也称作联合体。

9.5.1 共用体类型的定义

定义共用体类型的一般形式:

```
union 共用体名
{
    类型名 1 成员名 1;
    类型名 2 成员名 2;
    ⋮
    类型名 n 成员名 n;
};
```

例如:

```
union data
{
    int i;
    char ch;
    float f;
};
```

图 9-1 为共用体 data 的存储结构。

说明: 和结构体一样,花括号后的分号不能省略,它标志着类型定义的结束。

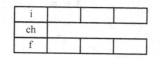

图 9-1 共用体 data 存储结构图

9.5.2 共用体变量的定义

定义共用体类型变量有三种形式。

形式一:先声明共用体类型,后定义该类型的变量。例如:

```
union data
{
    int i;
    char ch;
    float f;
};
union data a,b;
```

形式二:声明共用体类型的同时,定义该类型的变量。例如:

```
union data
{
    int i;
    char ch;
    float f;
}a,b;
```

形式三:利用无名共用体类型定义变量。例如:

```
union
{
    int i;
    char ch;
    float f;
}a,b;
```

可以看出,共用体和结构体类型变量的定义形式相似,但他们的含义不同。

共用体的各个成员是以同一个地址开始存放的,每一个时刻只可以存储一个成员,这就要求它在分配内存单元时候要满足两点:

(1) 共用体类型实际占用存储空间为其最长的成员所占的存储空间。

(2) 若是该最长的存储空间对其他成员的类型不满足整除关系,该最大空间自动延伸到可以整除为止。

【例 9-8】 结构体和共用体的区别。

```
01: #include<stdio.h>
02: union data1{                          //声明共用体类型 union data1
03:     int n;
04:     char ch;
05:     double f;
06: };
07:
08: struct data2{                         //声明结构体类型 union data2
09:     int n;
10:     char ch;
11:     double f;
12: };
13:
14: void main()
15: {
16:     union data1 a;                     //定义 union data1 类型变量 a
17:     struct data2 b;                    //定义 union data2 类型变量 b
```

```
18:     printf("% d, % d\n",sizeof(a), sizeof(union data1));
19:     printf("% d, % d\n",sizeof(b), sizeof(struct data2));
20: }
```

【运行结果】

```
8,8
16,16
```

9.5.3 共用体变量的引用

不能直接引用共用体变量,只能引用共用体变量中的成员。共用体变量的引用有三种形式:

(1)共用体变量名·成员名;

(2)共用体指针名—>成员名;

(3)(＊共用体指针名)·成员名。

注意:

(1)共用体同一时刻只能保存一个成员的值,如果对新的成员赋值,就会把原来成员的值覆盖掉。

(2)对共用体变量初始化时,初始化表中只能有一个常量。例如:

```
union data
{
    int i;
    char ch;
    float f;
}a = {15,'A',6.2};          //错误
union data a = {7};          //正确,注意{}不能省略
```

【例 9-9】 设有若干人员的数据。其中有学生和教师。学生的数据包括编号、姓名、性别、职业和班级。教师的数据包括编号、姓名、性别、职业和职务。现要求把它们放在统一表格中,如表 9-2 所示。

表 9-2　人员数据表

num	name	sex	job	class / position
101201	zhao	F	S	3
6018	qian	M	T	prof

```
01: # include< stdio. h>
02: struct
03: {
04:     int num;                     //编号
```

```
05:      char name[10];              //姓名
06:      char sex;                   //性别
07:      char job;                   //职业
08:      union
09:      {
10:          int class;              //班级
11:          char position[10];      //职务
12:      }category;
13:  }person[2];
14:
15:  void main()
16:  {
17:      int i,n;
18:      printf("请输入两名人员的数据:\n编号、姓名、性别、职业、班级/职务\n");
19:      for(i = 0;i < 2;i + + )
20:      {
21:          scanf("%d %s %c %c",&person[i].num,person[i].name,
               &person[i].sex,&person[i].job);
22:          if(person[i].job = = 's')
23:              scanf("%d",&person[i].category.class);
24:          if(person[i].job = = 't')
25:              scanf("%s",person[i].category.position);
26:      }
27:
28:      printf("\n这两名人员的数据为:\n编号 姓名 性别 职业 班级/职务\n");
29:      for(i = 0;i < 2;i + + )
30:      {
31:          printf("%-10d%-10s%-3c%-3c",person[i].num,person[i].name,
               person[i].sex,person[i].job);
32:          if(person[i].job = = 's')
33:              printf("%-6d\n",person[i].category.class);
34:          if(person[i].job = = 't')
35:              printf("%-6s\n",person[i].category.position);
36:      }
37:  }
```

【运行结果】

```
请输入两名人员的数据:
编号、姓名、性别、职业、班级/职务
101201   zhao   f   s   3
6018     qian   m   t   prof

这两名人员的数据为:
编号      姓名   性别   职业   班级/职务
101201   zhao   f      s      3
6018     qian   m      t      prof
```

【程序说明】

（1）02～13 行声明无名结构体，同时定义该类型的数组 person[2]。

（2）08～12 行声明无名共用体，同时定义该类型的变量 category。结构体成员的类型可以是共用体类型。

（3）22～23 行若职业是学生则输入班级。

（4）24～25 行若职业是教师则输入职务。

9.6 枚 举 类 型

当一个变量有几种可能的取值时，可以将它定义为枚举类型。所谓"枚举"就是把可能的值一一列举出来，变量的值只限于列举出来的值的范围内，能有效防止用户提取无效值。

声明枚举类型的一般形式：

```
enum 枚举名{枚举元素列表};
```

例如：

```
enum season{spring,summer,autumn,winter};
```

说明：

（1）声明枚举类型用 enum 开头。

（2）花括号中的 spring、summer、autumn、winter 称为枚举元素或枚举常量。

（3）花括号后的分号不能省略。

定义枚举类型的变量有三种形式。

形式一：先声明枚举类型，后定义该类型的变量。例如：

```
enum season{spring,summer,autumn,winter};
enum season first,second;
```

形式二：声明枚举类型的同时，定义该类型的变量。例如：

```
enum season{spring,summer,autumn,winter} first,second;
```

形式三：利用无名枚举类型定义变量。例如：

```
enum{spring,summer,autumn,winter} first,second;
```

枚举变量的值只限于花括号中指定的值之一。

```
first = spring;          //正确
second = Monday;         //错误,Monday 不是指定的枚举常量之一
```

说明：

（1）C 编译系统对枚举元素按常量处理，故称枚举常量，所以不能对它们赋值。

（2）每一个枚举元素都代表一个整数。C 编译系统按定义的顺序默认值为 0,1,2…可以

人为指定枚举元素的值。例如：

```
enum season{spring = 3,summer,autumn,winter};
```

枚举常量 spring 的值为 3，以后顺序加 1，winter 的值为 6。又例如：

```
enum season{spring,summer,autumn = 3,winter};
```

枚举常量 autumn 的值为 3，以后顺序加 1，winter 的值为 4，而 autumn 之前的枚举常量依旧是默认值，所以 spring 和 summer 的值分别是 0 和 1。

【例 9-10】 枚举类型应用举例。

```
01: # include< time.h>
02: void main()
03: {
04:     enum {spring,summer,autumn,winter}today;
05:     int i,n;
06:     srand((unsigned)time(NULL));
07:     for(i = 0;i < 5;i + +)
08:     {
09:         n = rand() % 4;
10:         switch(n)
11:         {
12:             case 0: today = spring; break;
13:             case 1: today = summer; break;
14:             case 2: today = autumn; break;
15:             default: today = winter;
16:         }
17:         printf("n = % d,today = % d\n",n,today);
18:     }
19: }
```

【运行结果】

```
n = 1,today = 1
n = 3,today = 3
n = 0,today = 0
n = 0,today = 0
n = 3,today = 3
```

【程序说明】

(1) 04 行声明无名枚举类型的同时定义变量 today。

(2) 06 行将当前时间设置成随机函数的种子。

(3) 09 行生成 0～3 之间的随机数。

(4) 10～16 行根据随机数为枚举类型变量 today 赋值。

（5）因为生成的是随机数，所以每次运行程序的结果可能不同，但 n 的值和 today 的值必然完全相同。

9.7　用 typedef 声明新类型名

typedef 是一个关键字，用来为现有类型创建一个新的名字，目的是为了使源代码更易于阅读和理解。

按定义变量的方式，把变量名换上新类型名，并且在最前面加上"typedef"，就声明了新类型名代表原来的类型。

例如：

```
typedef int Integer;      //指定用 integer 为类型名，作用与 int 相同。
int i,j;
等价于
Integer i,j;
```

结构体、共用体等类型形式复杂，难以理解，容易写错，可以用简单的名字代替。例如：

```
typedef struct
{
    int year;
    int month;
    int day;
}Date;
```

声明了一个新类型名 Date 代表上面的结构体类型，然后就可以用新的类型名 Date 去定义变量。

还可以命名一个新的类型名代表指针类型。例如：

```
typedef char * string;          //声明 string 为字符指针类型。
```

本 章 小 结

本章主要介绍了结构体和共用体两种构造数据类型。

构造数据类型声明后，即可定义该类型的变量，计算机会根据数据类型分配相应的存储空间，用户对变量初始化后进行引用，应用构造数据类型的变量时，一般通过变量名或者指向该变量的指针实现。

构造数据类型一般由基本数据类型组合而成，组成构造数据类型的基本数据类型变量称为成员。由于不能对构造数据类型进行整体引用，必须细化到成员才能操作。

习　　题

1. 若有以下结构体的定义，则（　　）赋值是正确的。

```
struct s
{
    int x;
    int y;
}vs;
```

A. s.x=10   B. s.vs.x=10   C. vs.x=10   D. struct s vs={10}

2. 填空题。

(1) 若有定义 enum weekday{ sat=6，sun=1，mon，tue，wed，thu，fri }workday = thu;，则 printf("%d\n"，workday)的结果是（   ）。

(2) 以下程序的输出结果是（   ）。

```
struc STU{ char name[10]; int num; };
void f1(struct STU c)
{   struct STU b={"LiSiGuo",2042}; c=b; }
void f2(struct STU * c)
{   struct STU b={"SunDan",2044}; * c=b; }
main( )
{   struct STU a={"YangSan",2041}, b={"WangYin",2043 };
    f1(a); f2(&b);
    printf("% d % d",a.num , b.num );
}
```

3. 定义一个结构体变量(包括年、月、日)。计算该日在本年中是第几天(注意闰年问题)。

4. 职工的记录由编号和出生年月日组成，n 名职工的数据已在主函数中存入结构体数组中，且编号唯一。编写函数：找出指定编号职工的数据。若查找成功，返回员工信息，否则返回职工的编号为空串。

5. 有 3 个候选人，每个选民只能投票选一人，要求编写一个统计投票的程序，先后输出候选人的名字，最后输出各人得票结果。

6. 有 5 名学生的信息(包括学号、姓名和年龄)，要求按照姓名由低到高的顺序输出学生信息。

7. 学生记录包括学号、姓名和 3 门课程的成绩，请编写函数，将指定学生的学号和姓名更改为 10002 和"LiSi"，各科成绩在原来的基础上加 5 分。

8. 主函数中输入 10 名学生的学号、姓名及 5 门课程的成绩，分别用函数实现下列功能：

(1) 计算每个学生的平均分；

(2) 计算每门课程的平均分；

(3) 统计成绩中的最高分，返回学生的记录；

(4) 查找 2 门以上不及格课程的学生。

9. 箱子中有红、黄、蓝 3 种颜色的小球若干。每次从箱子中先后取出 2 个球，问得到 2 种不同颜色的球的可能取法，输出每种排列的情况。

第 10 章　文　　件

计算机文件是以计算机硬盘为载体存储在计算机上的信息集合,文件可以是文本文档、图片、程序等。

10.1　文　件　概　述

在实际问题中,经常需要处理大量的数据,这些数据是以文件的形式存储在磁盘上,需要时从磁盘读入计算机内存,处理完毕后输出到磁盘上保存起来。

10.1.1　什么是文件

在程序设计中,主要用到程序文件和数据文件。

(1) 程序文件包括源程序文件(扩展名为.c)、目标文件(扩展名为.obj)、可执行文件(扩展名为.exe)等,这种文件的内容是程序代码。

(2) 数据文件的内容是供程序运行时读写的数据,例如在程序运行过程中供读入的数据,或在程序运行过程中输出到磁盘的数据;又如,图书馆的图书信息及借阅数据、公司员工的基本信息等。

本章主要讨论的是数据文件。

之前,各章中处理数据的输入和输出都是从键盘输入数据,运行结果输出到显示器上。实际上,我们常常将一些数据输出到磁盘上保存起来,需要时再从磁盘中输入到计算机内存。为了简化用户对输入输出设备的操作,操作系统把各种设备都统一作为文件来处理。例如键盘是输入文件,显示器是输出文件。

"文件"一般指存储在外部介质上数据的集合。一批数据是以文件的形式存放在外部介质上的,操作系统是以文件为单位对数据进行管理。如果想找存放在外部介质上的数据,先按文件名找到所指定的文件,然后从该文件读数据。要向外部介质上存储数据也必须先建立一个文件(以文件名作为标志),才能向其输出数据。

输入输出是数据传送的过程,数据如流水一样从一处流向另一处,因此常将输入输出形象地称为流(stream),即数据流。流表示了信息从源端到目的端的流动。输入操作时,数据从文件流向计算机内存;输出操作时,数据从计算机流向文件。文件由操作系统进行统一管理,C语言程序中的输入输出也是通过操作系统进行的。"流"是一个传输通道,数据可以从运行环境流入程序中,或从程序流至运行环境。

从C语言程序的观点来看,无论程序一次读写一个字符,或一行文字,或一个指定的数据区,作为输入输出的各种文件或设备都是统一以逻辑数据流的方式出现的。C语言把文件看作是一个字符(或字节)的序列。一个输入输出流就是一个字符流或字节(内容为二进制数据)流。

C语言的数据文件由一连串的字符(或字节)组成,而不考虑行的界限,两行数据间不会自动加分隔符,对文件的存取是以字符(或字节)为单位。输入输出数据流的开始和结束仅受程序控制,而不受物理符号(如回车符)控制,这就增加了处理的灵活性。这种文件称为流式文件。

10.1.2　文件名

文件要有唯一的文件标识,以便用户识别和引用。文件标识包括三部分:
(1) 文件路径;
(2) 文件名主干;
(3) 文件后缀。

文件路径表示文件在外部存储设备中的位置,如 D：\C program\temp\file. dat 表示 file. dat 文件存放在 D 盘中的 C program 目录下的 temp 子目录下面,其中 D：\C program\temp 表示文件路径,file 是文件名主干,. dat 是文件后缀(扩展名)。

10.1.3　文件的分类

根据数据的组织形式,数据文件可分为文本文件(ASCII 文件)和二进制文件(映像文件)。数据在内存中以二进制形式存储,如果不加转换地输出到外存,就是二进制文件。如果在外存上以 ASCII 码的形式存储,则在存储前需要进行转换。

字符统一按 ASCII 码形式存储在磁盘上,数值数据既可以按 ASCII 码的形式存储,也可以按二进制形式存储。例如整数 10 000,按 ASCII 码的形式存储需要 5 个字节的存储空间(每个字符占一个字节),而按二进制形式存储则只需要 4 个字节,如图 10-1 所示。而整数 100 000,按 ASCII 码的形式存储需要 6 个字节的存储空间,而按二进制形式存储仍需要 4 个字节。

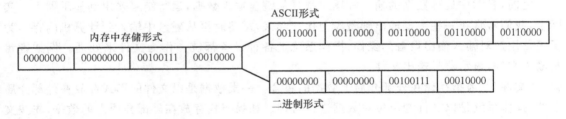

图 10-1　整数 10 000 的两种存储形式

文本文件:每个字节存放一个字符的 ASCII 码。特点:存储量大、速度慢、需要进行转换、对字符操作方便。

二进制文件:数据按其在内存中的存储形式原样存放。特点:节省存储空间和转换时间,但一个字节并不对应一个字符,不能直接输出字符形式。

10.1.4　文件缓冲区

系统自动在内存中为正在使用的文件开辟文件缓冲区。从磁盘向计算机读入数据时,先将一批数据输入到内存缓冲区,待缓冲区已满再从缓冲区送到程序数据区。从内存向磁盘输出数据时,也是先送到内存的缓冲区,装满缓冲区后才一起送到磁盘。缓冲文件系统如图 10-2 所示。

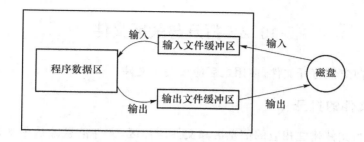

图 10-2　缓冲文件系统示意图

10.1.5　文件类型指针

每个被使用的文件都在内存开辟了一个相应的文件信息区,用来存放文件的有关信息(如文件的名字、文件状态及文件当前位置等)。这些信息保存在一个结构体变量中,该结构体类型由系统声明,取名为 FILE。某编译系统对文件类型的声明:

```
typedef struct
{
    short level;                 //缓冲区"满"或"空"的程度
    unsigned flags;              //文件状态标志
    char fd;                     //文件描述符
    unsigned char hold;          //如缓冲区无内容不读取字符
    short bsize;                 //缓冲区的大小
    unsigned char * buffer;      //数据缓冲区的位置
    unsigned char * curp;        //指针当前的指向
    unsigned istemp;             //临时文件指示器
    short token;                 //用于有效性检查
}FILE;
```

不同编译系统的 FILE 类型包含的内容不完全相同。

声明 FILE 结构体类型后,可以用它来定义 FILE 类型的变量。每个 FILE 类型变量对应一个文件的信息区。例如:

```
FILE    f;
```

定义了一个 FILE 类型的结构体变量 f,用它来存放一个文件的有关信息。

一般情况下,通过 FILE 类型的指针变量来引用 FILE 类型的变量比通过 FILE 类型变量的名字来引用变量更方便。例如:

```
FILE    * fp;
```

定义了一个指向 FILE 类型数据的指针变量,可以是 fp 指向某一个文件的文件信息区,通过该文件信息区中的信息访问文件。

10.2　打开与关闭文件

读写文件之前应该打开文件,使用之后应该关闭文件。

10.2.1　文件的打开

打开文件是为文件建立相应的信息区和文件缓冲区,文件信息区是用来存放有关文件的信息,文件缓冲区用来暂时存放输入输出的数据。

打开文件时一般都指定一个指针变量指向该文件,也就是建立起指针变量与文件之间的联系,这样就可以通过该指针变量对文件进行读写。

打开文件需要使用 fopen 函数实现。

fopen 函数调用的一般形式为:

fopen(文件名,使用文件方式);

例如:

```
FILE * fp;
fp = fopen("test",'r');
```

表示打开名为"test"的文件,将读取文件中的数据到计算机(称为"读入"),且将 fopen( ) 函数的返回值(指向 test 文件的指针)赋给一个指向文件的指针变量 fp,这样 fp 就和文件 test 建立了联系,或者说 fp 指向了 test 文件。

使用文件的方式如表 10-1 所示。

表 10-1　文件打开方式

文件使用方式	含义
r	打开已存在的文本文件,读取文件中的数据到计算机
w	若指定文本文件不存在,则先建立以指定名字命名的文件;若存在指定文本文件,则先删除该文件,然后重新建立新文件。最后,向文件写入数据
a	打开已存在的文件,并向文件末尾添加新的数据
rb	打开一个二进制文件,读取文件中的数据
wb	打开或建立一个二进制文件,向文件写数据
ab	向二进制文件末尾添加数据
r+	打开一个文本文件,可以读取文件中的数据,也可以向文件写入数据
w+	建立一个文本文件,可以读取文件中的数据,也可以向文件写入数据
a+	打开一个文本文件,可以读取文件中的数据,也可以向文件末尾添加新的数据
rb+	打开一个二进制文件,可以读取文件中的数据,也可以向文件写入数据
wb+	建立一个二进制文件,可以读取文件中的数据,也可以向文件写入数据
ab+	打开一个二进制文件,可以读取文件中的数据,也可以向文件末尾添加新的数据

若文件不能打开,则 fopen 函数将返回一个空指针值 NULL,所以读写文件前先检查文件打开是否成功,常用以下方法:

```
if((fp = fopen("test.txt","r")) == NULL)
{
    printf("无法打开此文件\n");
    exit(0);
}
```

说明：若打开文件时没有指定路径，系统默认路径为源文件所在的目录。

10.2.2　文件的关闭

关闭文件是撤销文件信息区和文件缓冲区，使文件指针变量不再指向该文件，也就不能对文件进行读写操作。

关闭文件需要使用 fclose 函数实现。

fclose 函数调用的一般形式：

fclose(文件指针)；

例如：

```
fclose(fp);
```

通过 fopen 函数将文件指针 fp 指向了打开的文件，通过 fclose 函数把 fp 指向的文件关闭，此后 fp 不再指向该文件。

在向文件写数据时，先将数据输出到缓冲区，待缓冲区充满后才正式输出给文件。如果数据未充满缓冲区而程序结束运行，则有可能造成缓冲区中数据的丢失。所以为了避免上述情况的发生，要用 fclose 函数关闭文件，先把缓冲区中的数据输出到文件，然后撤销文件信息区。

10.3　顺序读写数据文件

文件打开后就可以进行读写操作了。顺序读写时，对文件的读写顺序和数据在文件中的物理顺序是一致的。

ANSI C 提供了丰富的文件读写函数。

10.3.1　读写字符

对文本文件进行字符读写的函数有 fgetc 和 fputc。

fgetc 函数调用的一般形式：

fgetc(文件指针)；

例如：

```
fgetc(fp);
```

用于从 fp 指向的文件读入一个字符，若读入成功则返回所读的字符，否则返回文件结束标志 EOF(即 -1)。

fputc 函数调用的一般形式：

fputc(字符,文件指针)；

例如：

fputc(ch,fp);

其中，ch 可以是字符常量或变量，该函数用于把字符 ch 写到文件指针变量 fp 所指向的文件，若输出成功则返回输出的字符，否则返回 EOF（即－1）。

【例 10-1】 将一个文件中的信息追加到另一个文件末尾。

```
01：# include < stdio. h >
02：# include < stdlib. h >
03：
04：void main()
05：{
06：    FILE * in, * out;
07：    char ch;
08：
09：    //打开输入文件并使 in 指向此文件
10：    if((in = fopen("infile.txt","r")) == NULL)          //若文件打开时出错
11：    {
12：        printf("无法打开 infile 文件\n");
13：        exit(0);                                          //若文件打不开则终止程序
14：    }
15：
16：    //打开输出文件并使 out 指向此文件
17：    if((out = fopen("outfile.txt","a")) == NULL)
18：    {
19：        printf("无法打开 outfile 文件\n");
20：        exit(0);
21：    }
22：
23：    while(! feof(in))                                     //若未遇到输入文件的结束标志
24：    {
25：        ch = fgetc(in);                                   //从输入文件读入一个字符
26：        fputc(ch,out);                                    //将 ch 追加到输出文件中
27：    }
28：
29：    fclose(in);                                           //关闭输入文件
30：    fclose(out);                                          //关闭输出文件
31：}
```

【程序说明】

（1）以"infile. txt"和"outfile. txt"命名的文件均已存在，且"infile. txt"文件中有文本"world"，"outfile. txt"文件中有文本"hello"，运行程序后，"outfile. txt"文件中的文本变为"hello world"，若再运行一遍程序，则向"outfile. txt"文件的文本末尾再次追加"world"。

（2）以上程序对文件采用了逐个字符访问的方式，系统采用"文件读写位置标记"来表示

当前访问的位置。23 行的 feof 函数用于检查文件读写位置标记是否移到文件的末尾,即磁盘文件是否结束。

（3）若将"infile.txt"文件中的信息复制到"outfile.txt"文件中,只需将 17 行使用文件的方式更改为"w"。

10.3.2 读写字符串

除了可以逐个字符地读写文件外,还可以逐个读写字符串。

对文本文件读写一个字符串的函数有 fgets 和 fputs。

fgets 函数调用的一般形式:

```
fgets(str,len,fp);
```

其中,str 是字符指针,len 是整型数值,fp 是文件指针。fgets 函数用于从 fp 指向的文件读入一个长度为 len−1 的字符串,并在末尾添加字符串的结束标志'\0',然后存放到字符串 str 中。如果在读完 len−1 个字符前遇到换行符或文件结束符,读入结束。如果操作成功返回 str,否则返回空指针。

fputs 函数调用的一般形式:

```
fputs(str,fp);
```

其中,str 可以是字符串常量、字符数组,也可以是字符指针。fputs 函数用于把 str 字符串写到文件指针变量 fp 所指向的文件中。若操作成功返回 0,否则返回非零值。

【例 10-2】 将一个文件中的信息复制到另一个文件。

```
01: #include<stdio.h>
02: #include<stdlib.h>
03: #include<string.h>
04: main( )
05: {
06:     FILE * in, * out;
07:     char s[50];
08:
09:     if((in = fopen("infile.txt","r")) == NULL)
10:     {
11:         printf("无法打开文件! \n");
12:         exit(0);
13:     }
14:
15:     if((out = fopen("outfile.txt","w")) == NULL)
16:     {
17:         printf("文件打开失败! \n");
18:         exit(0);
19:     }
```

```
20：
21：    while(! feof(in))
22：    {
23：          fgets(s,20,in);
24：          puts(s);
25：          fputs(s,out);
26：    }
27：
28：    fclose(in);              //关闭输入文件
29：    fclose(out);
30：}
```

【运行结果】

以"infile. txt"命名的文件中有文本"how do you do? how do you do?",以"outfile. txt"命名的文件为空。程序运行后,"outfile. txt"文件中的文本变为"how do you do? how do you do?",输出结果：

```
how do you do? how
do you do?
```

10.3.3　格式化读写

scanf 和 printf 函数是向终端格式化的输入输出函数,对文件也可以格式化的输入输出。

对文件格式化的输入输出函数为 fscanf 和 fprintf,一般调用方法：

fscanf(文件指针,格式字符串,输入表列);

fprintf(文件指针,格式字符串,输出表列);

例如：

```
fscanf(fp,"%d,%c",&i,&ch);
```

若文件中有"6,H",则从文件中读取整数 6 给整型变量 i,读取字符 H 给字符型变量 ch。

```
fprintf(fp,"%d--%c",i,ch);
```

用于将整型变量 i 和字符型变量 ch 的值分别按%d 和%c 的格式输出到 fp 指向的文件中。

【例 10-3】　将数据以格式化形式写入文件。

```
01：#include<stdio.h>
02：#include<stdlib.h>
03：main( )
04：{
05：    FILE * fp;
06：    char * ch = "hello";
```

```
07:     int i = 6;
08:
09:     if((fp = fopen("test.txt","w")) == NULL)
10:     {
11:         printf("无法打开文件! \n");
12:         exit(0);
13:     }
14:
15:     fprintf(fp,"%d--%s",i,ch);
16:
17:     fclose(fp);
18: }
```

【运行结果】

程序运行时,屏幕上没有输出任何信息,只是变量 i 和 ch 的值写入到文件"test.txt"中。程序运行前,"test.txt"是空文件;程序运行后,文件中的数据为"6--hello"。

10.3.4　数据块读写

一次性读写一组数据,可以用 fread 函数读取文件中的一个数据块,用 fwrite 函数向文件写一个数据块,一般调用形式:

```
fread(buffer,size,count,fp);
fwrite(buffer,size,count,fp);
```

其中,buffer 是一个指针,表示读入数据的存放地址或输出数据的地址;size 是每个数据块的大小;count 是最多允许读写的数据块数量;fp 是文件类型的指针。fread 函数用于从 fp 指向的文件读取数据块到 buffer,返回实际读到的数据块数量;fwrite 函数用于把 buffer 指向的数据块写入 fp 指向的文件,返回值是实际写入的数据块数量。

注意:fread 和 fwrite 函数在读写时是以二进制形式进行的。

如果文件以二进制形式打开,用 fread 和 fwrite 函数就可以读写任何类型的信息,例如:

```
int s[10];
fread(s,sizeof(int),6,fp);
```

该函数从 fp 所指向的文件读取 6 个整型数据存储到数组 s 中。

【例 10-4】　从键盘输入 5 名学生信息,然后保存到文件中。

```
01: #include<stdio.h>
02: #include<stdlib.h>
03:
04: typedef struct            //声明结构体类型 stu
05: {
06:     int num;
```

```
07:     char name[20];
08:     char sex;
09: }stu;
10:
11: main()
12: {
13:     stu s[5];              //定义结构体数组 s
14:     stu t[5];              //定义结构体数组 t
15:     int i;
16:     FILE * fp;
17:
18:     printf("请输入五名学生的信息:\n");
19:     for(i = 0;i < 5;i + +)
20:         scanf("%d %s %c",&s[i].num,s[i].name,&s[i].sex);
21:
22:     printf("\n存放在数组中的五名学生信息:\n");
23:     for(i = 0;i < 5;i + +)
24:         printf("%d-- %s-- %c\n",s[i].num,s[i].name,s[i].sex);
25:
26:     if((fp = fopen("student.dat","wb")) = = NULL)
27:     {
28:         printf("无法打开文件\n");
29:         exit(0);
30:     }
31:
32:     //将数组 s 中学生信息写入文件
33:     for(i = 0;i < 5;i + +)
34:     {
35:         if(fwrite(&s[i],sizeof(stu),1,fp)! = 1)
36:             printf("文件写操作有误\n");
37:     }
38:     fclose(fp);
39:
40:     if((fp = fopen("student.dat","rb")) = = NULL)
41:     {
42:         printf("无法打开文件\n");
43:         exit(0);
44:     }
45:
46:     //读取文件中保存的学生信息,并输出
47:     printf("\n存放在文件中的五名学生信息:\n");
48:     for(i = 0;i < 5;i + +)
49:     {
```

```
50:        fread(&t[i],sizeof(stu),1,fp);
51:        printf("%d-- %s-- %c\n",t[i].num,t[i].name,t[i].sex);
52:    }
53:    fclose(fp);
54: }
```

【运行结果】

```
请输入五名学生的信息：
1001 zhao f
1002 qian f
1003 sun m
1004 li f
1005 zhou m

存放在数组中的五名学生信息：
1001 -- zhao -- f
1002 -- qian -- f
1003 -- sun -- m
1004 -- li -- f
1005 -- zhou -- m

存放在文件中的五名学生信息：
1001 -- zhao -- f
1002 -- qian -- f
1003 -- sun -- m
1004 -- li -- f
1005 -- zhou -- m
```

【程序说明】

(1) 26 和 40 行的 fopen 函数中指定读写方式为"wb"和"rb"，即二进制读写方式。

(2) 19 和 20 行从键盘输入 5 名学生的数据是 ASCII 码，即文本文件。33～37 行用 fwrite 函数将内存中数组元素 s[i]内存单元中的数据原样（以二进制形式）复制到文件 "student.dat"中。

(3) 48～52 行用 fread 函数从"student.dat"文件读取数据到内存，内存中数组元素以二进制形式存储。用 printf 函数输出到屏幕，输出 ASCII 码。

10.4　随机读写数据文件

顺序读写文件操作方便，便于理解，但是效率较低。随机访问可以对任何位置上的数据进行访问，且执行效率较高。

系统为每个文件设置了一个文件读写位置标记，简称文件位置标记或文件标记，用来表示下一个读写字符的位置。

在读取字符文件顺序时,文件位置标记指向文件开头,读完一个字符,文件位置标记向后移动一个位置,直至文件结束。若进行顺序写操作,每写完一个数据,文件位置标记向后移动一个位置,直至所有数据写完,文件位置标记移动到最后一个数据之后。

对流式文件,可以按需要将文件位置标记移动到任意位置,即可实现随机读写。随机读写可以在任何位置读取数据,也可以在任何位置写入数据,关键在于控制文件的位置标记。

根据需要,可以使用函数将文件位置标记指向指定的位置。

(1) rewind 函数

rewind 函数的一般调用形式:

rewind(文件类型指针);

用于将文件位置标记返回文件的开头,该函数没有返回值。

(2) fseek 函数

fseek 函数的一般调用形式:

fseek(文件类型指针,位移量,起始点);

其中,位移量是以起始点为基准,向前或向后移动的字节数,一般为 long 型数据。起始点的取值只能是 0、1 或 2,起始点的值为 0 表示"文件开始位置",1 表示"当前位置",2 表示"文件末尾位置"。

例如:

```
fseek(fp,10L,0);      将文件位置标记从文件开头向后移动 10 字节
fseek(fp,10L,1);      将文件位置标记从当前位置向后移动 10 字节
fseek(fp,-10L,2);     将文件位置标记从文件末尾向前移动 10 字节
```

(3) ftell 函数

ftell 函数的一般调用形式:

ftell(文件类型指针);

用于得到流式文件中文件位置标记的当前位置。

在进行随机读写时,文件位置标记会随着读写操作移动,可以使用 ftell 函数得到当前位置,用相对于文件开头的位移量表示。

【例 10-5】 随机读写文件应用举例。要求:

(1) 顺序读取文件中的学生信息;

(2) 随机读取文件中的学生信息;

(3) 通过随机写操作修改文件中的学生信息;

(4) 顺序读取文件中的学生信息。

```
01: #include<stdio.h>
02: #include<stdlib.h>
03: #include<string.h>
04:
05: typedef struct
06: {
07:     int num;                //学号
```

```
08:     char name[20];      //姓名
09:     char sex;           //性别
10: } stu;
11:
12: void main()
13: {
14:     stu s[5];
15:     stu t[5];
16:     stu a;
17:     stu b;
18:     int i;
19:     FILE * fp;
20:
21:     //顺序读取文件中的学生信息
22:     if((fp = fopen("student.dat","rt + ")) == NULL)
23:     {
24:         printf("无法打开文件\n");
25:         exit(0);
26:     }
27:
28:     printf("存放在文件中的五名学生信息:\n");
29:     for(i = 0; i < 5; i ++)
30:     {
31:         fread(&t[i],sizeof(stu),1,fp);
32:         printf("%d-- %s-- %c\n",t[i].num,t[i].name,t[i].sex);
33:     }
34:
35:     /*****************************************************/
36:     //随机读
37:     fseek(fp,sizeof(stu) * 1,0);
38:     printf("\n 文件位置标记移动到第 %d 名学生数据区后,读取第 %d 名学生信息:
            \n",ftell(fp)/sizeof(stu),ftell(fp)/sizeof(stu) + 1);
39:     fread(&a,sizeof(stu),1,fp);
40:     printf("%d-- %s-- %c\n",a.num,a.name,a.sex);
41:
42:     printf("\n 读取学生信息后,文件位置标记位于第 %d 名学生数据区后\n",
            ftell(fp)/sizeof(stu));
43:     fseek(fp,sizeof(stu) * 2,1);
44:     fread(&a,sizeof(stu),1,fp);
45:     printf("\n 文件位置标记向后移动 2 个学生数据区后,读取学生信息:\n");
46:     printf("%d-- %s-- %c\n",a.num,a.name,a.sex);
47:
48:     fseek(fp,sizeof(stu) * ( - 2),2);
```

```
49:        printf("\n 文件位置标记从文件末尾向前移动 2 个学生数据区后,读取学生信息:\n");
50:        fread(&a,sizeof(stu),1,fp);
51:        printf(" %d-- %s-- %c\n",a.num,a.name,a.sex);
52:
53:        /�******************************************************/
54:        //随机写
55:        printf("\n 将第 4 名学生信息更改为:\n");
56:        b.num = 1006;
57:        strcpy(b.name,"wu");
58:        b.sex ='m';
59:        printf(" %d-- %s-- %c\n",b.num,b.name,b.sex);
60:
61:        fseek(fp,sizeof(stu) * 3,0);
62:        if(fwrite(&b,sizeof(stu),1,fp)! = 1)
63:            printf("文件写操作有误\n");
64:
65:        /�******************************************************/
66:        //打开文件读出信息,验证随机写操作是否成功
67:        printf("\n 执行随机写操作后文件中这 5 名学生的信息:\n");
68:        for(i = 0; i<5; i++)
69:        {
70:            fread(&t[i],sizeof(stu),1,fp);
71:            printf(" %d-- %s-- %c\n",t[i].num,t[i].name,t[i].sex);
72:        }
73:        fclose(fp);
74: }
```

【运行结果】

```
存放在文件中的五名学生信息:
1001-- zhao-- f
1002-- qian-- f
1003-- sun-- m
1004-- li-- f
1005-- zhou-- m


文件位置标记移动到第 1 名学生数据区后,读取第 2 名学生信息:
1002-- qian—f


读取学生信息后,文件位置标记位于第 2 名学生数据区后


文件位置标记向后移动 2 个学生数据区后,读取学生信息:
1005-- zhou-- m
```

文件位置标记从文件末尾向前移动 2 个学生数据区后,随机读取学生信息:

1004－－li－－f

将第 4 名学生信息更改为:

1006－－wu－－m

执行随机写操作后文件中这 5 名学生的信息:

1001－－zhao－－f

1002－－qian－－f

1003－－sun－－m

1006－－wu－－m

1005－－zhou－－m

【程序说明】

(1) 为了分层,使整个程序看起来结构更清晰,在 35 行、53 行和 65 行使用了块注释符 /＊＊＊＊＊＊＊＊＊/。

(2) 22 行,"rt＋"读写一个文本文件,若"student. dat"文件不存在,则输出"无法打开文件"。

(3) 37 行,文件位置标记从文件开头向后移动 1 个数据区(1 名学生信息占用存储空间大小为 28 字节),移动到第 1 名学生数据区后,可以读取第 2 名学生信息。

(4) 43 行,文件位置标记从当前位置向后移动 2 个数据区到第 4 名学生数据区后,可读取第 5 名学生信息。

(5) 48 行,文件位置标记从文件末尾向前移动 2 个数据区到第 3 名学生数据区后,可读取第 4 名学生信息。

(6) 61 行,文件位置标记从文件开头向后移动 3 个数据区到第 3 名学生数据区后。

(7) 62 行,向文件写入学生结构体变量 b 的值,从而将原文件中第 4 名学生的信息覆盖,实现数据的更新。

(8) 若将 61 行更改为:fseek(fp, sizeof(stu) ＊ 0,2);,文件位置标记移动到文件末尾,可实现信息的添加,而不是更改。

本 章 小 结

本章介绍了与文件操作相关的函数,理解并熟练掌握后,为实际开发中设计文件格式打下基础,为日后在其他平台编写程序带来方便。

习 题

1. 从键盘输入一个字符串,将每个单词的首字母切换成大写字母后,保存到磁盘文件。

2. 输入五名学生的数据(包括学号、姓名和三门课程成绩),按学号排序后存入磁盘文件 A 中。

3. 向磁盘文件 A 末尾插入一名学生的数据。

4. 向磁盘文件 A 插入一名学生的数据，插入后学号依然有序。

5. 读取磁盘文件 A 中学生数据（包括学号、姓名和三门课程成绩），将有不及格记录的学生数据存入磁盘文件 B 中。

参 考 文 献

〔1〕 谭浩强.C 程序设计[M].5 版.北京:清华大学出版社,2017.

〔2〕 谭浩强.C 程序设计学习辅导[M].5 版.北京:清华大学出版社,2017.

〔3〕 苏小红,孙志岗,陈惠鹏,等.C 语言大学实用教程[M].4 版.北京:电子工业出版社,2017.

〔4〕 苏小红,孙志岗.C 语言大学实用教程学习指导[M].4 版.北京:电子工业出版社,2017.

〔5〕 吉顺如,陶恂,曾祥绪.C 程序设计教程与实验[M].2 版.北京:清华大学出版社,2017.

附录 A   C 语言中的关键字

C 语言中的关键字有：auto，break，case，char，const，continue，default，do，double，else，enum，extern，float，for，goto，if，int，long，register，return，short，signed，sizeof，static，struct，switch，typedef，union，unsigned，void，volatile，while。

1999 年 12 月 16 日，ISO 推出了 C99 标准，该标准新增了 5 个 C 语言关键字：_Bool，_Complex，_Imaginary，inline，restrict。

2011 年 12 月 8 日，ISO 发布 C 语言的新标准，该标准又新增了 7 个 C 语言关键字：_Alignas，_Alignof，_Atomis，_Static_assert，_Noreturn，_Thread_local，_Generic。

附录 B　C 运算符的优先级和结合性

优先级	运算符	含义	运算类型	结合方向
1	（　）	圆括号、函数参数表		自左向右
	［　］	数组元素下标		
	—>	指向结构体成员		
	.	引用结构体成员		
2	！	逻辑非	单目运算符	自右向左
	～	按位取反		
	++　——	自增、自减		
	—	负号运算符		
	*	指针运算符		
	&	取地址运算符		
	（类型标识符）	类型转换运算符		
	sizeof	长度运算符		
3	*　/　%	乘、除、整数求余	双目算术运算	自左向右
4	+　—	加、减	双目算术运算	自左向右
5	<<　>>	左移、右移	位运算	自左向右
6	<　<= >　>=	小于、小于等于 大于、大于等于	关系运算	自左向右
7	==，!=	等于、不等于	关系运算	自左向右
8	&	按位与	位运算	自左向右
9	^	按位异或	位运算	自左向右
10	|	按位或	位运算	自左向右
11	&&	逻辑与	逻辑运算	自左向右
12	||	逻辑或	逻辑运算	自左向右
13	?:	条件运算符	三目运算	自右向左
14	= +=　—=　*=　/= %=　&=　^=　|=	赋值运算符 复合赋值运算符	双目运算	自右向左
15	,	逗号运算符	顺序求值运算	自左向右

附录 C 常用字符与 ASCII 码对照表

十进制 ASCII 码	字符	十进制 ASCII 码	字符	十进制 ASCII 码	字符
0	NUL	43	+	86	V
1	SOH(^A)	44	,	87	W
2	STX(^B)	45	—	88	X
3	ETX(^C)	46	.	89	Y
4	EOT(^D)	47	/	90	Z
5	EDQ(^E)	48	0	91	[
6	ACK(^F)	49	1	92	\
7	BEL	50	2	93	]
8	BS	51	3	94	^
9	HT	52	4	95	—
10	LF	53	5	96	、
11	VT	54	6	97	a
12	FF	55	7	98	b
13	CR	56	8	99	c
14	SO	57	9	100	d
15	SI	58	:	101	e
16	DLE	59	;	102	f
17	DC1	60	<	103	g
18	DC2	61	=	104	h
19	DC3	62	>	105	i
20	DC4	63	?	106	j
21	NAK	64	@	107	k
22	SYN	65	A	108	l
23	ETB	66	B	109	m
24	CAN	67	C	110	n
25	EM	68	D	111	o
26	SUB	69	E	112	p
27	ESC	70	F	113	q
28	FS	71	G	114	r
29	GS	72	H	115	s
30	RS	73	I	116	t

十进制 ASCII 码	字符	十进制 ASCII 码	字符	十进制 ASCII 码	字符
31	US	74	J	117	u
32	Space	75	K	118	v
33	!	76	L	119	w
34	"	77	M	120	x
35	#	78	N	121	y
36	$	79	O	122	z
37	%	80	P	123	{
38	&.	81	Q	124	|
39	,	82	R	125	}
40	(	83	S	126	~
41	)	84	T	127	del
42	*	85	U		

附录 D　常用的 ANSI C 标准库函数

库函数不是 C 语言的一部分,它是由人们根据需要编制并提供给用户使用的。

不同的 C 编译系统所提供的标准库函数的数量、函数名和函数功能不完全相同,在此只列出 ANSI C 标准提供的一些常用的部分库函数。

1. 数学函数

使用数学函数时,应该在该源文件中使用♯include < math. h >或者♯include" math. h"命令将头文件包含进来。

函数名	函数原型	功能	返回值
abs	int abs(int x);	求整数 x 的绝对值	计算结果
acos	double acos(double x);	计算 $\cos^{-1}(x)$ 的值	计算结果
asin	double asin(double x);	计算 $\sin^{-1}(x)$ 的值	计算结果
atan	double atan(double x);	计算 $\tan^{-1}(x)$ 的值	计算结果
atan2	double atan2(double x, double y);	计算 $\tan^{-1}(x/y)$ 的值	计算结果
cos	double cos(double x);	计算 $\cos(x)$ 的值	计算结果
cosh	double cosh(double x);	计算 x 的双曲余弦 $\cosh(x)$ 的值	计算结果
exp	double exp (double x);	求 e^x 的值	计算结果
fabs	double fabs (double x);	求 x 的绝对值	计算结果
floor	double floor(double x);	求不大于 x 的最大整数	计算整数的双精度实数
fmod	double fmod (double x, double y);	求整数 x/y 的余数	返回余数的双精度数
frexp	double frexp (double val, int ∗ eptr);	把双精度数 val 分解为数字部分(尾数)x 和以 2 为底的指数 n,即 $val = x * 2^n$,n 存放在 eptr 指向的变量中	返回数字部分 x,$0.5 \leqslant x < 1$
log	double log (double x);	求 $\log_e x$,即 lnx	计算结果
log10	double log10 (double x);	求 $\log_{10} x$	计算结果
modf	double modf (double val, int ∗ iptr);	把双精度数 val 分解为整数部分和小数部分,把整数部分存到 iptr 指向的单元	val 的小数部分
pow	double pow (double x, double y);	计算 x^y 的值	计算结果
rand	double rand (void);	产生伪随机数	产生 0 到 32 767 间的随机整数
sin	double sin (double x);	计算 sinx 的值	计算结果
sinh	double sinh (double x);	计算 x 的双曲正弦函数 $\sinh(x)$ 的值	计算结果
sqrt	double sqrt (double x);	计算 $\sqrt{x}$ 的值	计算结果
tan	double tan (double x);	计算 $\tan(x)$ 的值	计算结果
tanh	double tanh (double x);	计算 x 的双曲正切函数 $\tanh(x)$ 的值	计算结果

2. 字符处理函数

ANSI C 标准要求在使用字符处理函数时，应包含头文件"ctype.h"。有的 C 编译不遵循 ANSI C 标准而使用其他名称的头文件。

函数名	函数原型	功能	返回值
isalnum	int isalnum (int ch);	检查 ch 是否为字母(alpha)或数字(numeric)	是字母或数字返回1,否则返回0
isalpha	int isalpha (int ch);	检查 ch 是否为字母	是,返回1,否则返回0
iscntrl	int iscntrl (int ch);	检查 ch 是否为控制字符(ASCII 码在 0 和 0x1f 之间)	是,返回1,否则返回0
isdigit	int isdigit (int ch);	检查 ch 是否为数字(0~9)	是,返回1,否则返回0
isgraph	int isgraph (int ch);	检查 ch 是否为可打印字符(ASCII 码在 33~126 之间,不包括空格)	是,返回1,否则返回0
islower	int islower (int ch);	检查 ch 是否为小写字母(a~z)	是,返回1,否则返回0
isprint	int isprint (int ch);	检查 ch 是否为可打印字符(ASCII 码在 33~126 之间,包括空格)	是,返回1,否则返回0
ispunct	int ispunct (int ch);	检查 ch 是否为标点字符(不包括空格),即除字母、数字和空格外的所有可打印字符	是,返回1,否则返回0
isspace	int isspace (int ch);	检查 ch 是否为空格、跳格符(制表符)或换行符	是,返回1,否则返回0
isupper	int isupper (int ch);	检查 ch 是否为大写字母(A~Z)	是,返回1,否则返回0
isxdigit	int isxdigit (int ch);	检查 ch 是否为一个十六进制数字字符(即 0~9,或 A~F,或 a~f)	是,返回1,否则返回0
tolower	int tolower (int ch);	将字符 ch 转换为小写字母	返回 ch 所代表字符的小写字母
toupper	int toupper (int ch);	将字符 ch 转换为大写字母	返回与 ch 相应的大写字母

3. 字符串处理函数

ANSI C 标准要求在使用字符串处理函数时,应包含头文件"string.h"。有的 C 编译不遵循 ANSI C 标准而使用其他名称的头文件。

函数名	函数原型	功能	返回值
strcat	int strcat (char * str1, char * str2);	把字符串 str2 连接到 str1 后面	str1
strchr	int strchr (char * str, int ch);	找出 str 指向的字符串中第一次出现字符 ch 的位置	返回指向该位置的指针,若找不到则返回空指针
strcmp	int strcmp (char * str1, char * str2);	比较两个字符串 str1、str2	str1<str2,返回负数;str1=str2,返回0;str1>str2,返回正数
strcpy	int strcpy (char * str1, char * str2);	把 str2 指向的字符串复制到 str1 中	返回 str1
strlen	int strlen (char * str);	统计字符串 str 中字符的个数(不包括终止符'\0')	返回字符个数
strstr	int strstr (char * str1, char * str2);	找出 str2 字符串在 str1 字符串中第一次出现的位置(不包括 str2 的串结束符)	返回该位置的指针,若找不到返回空指针

4. 输入输出函数

使用以下缓冲文件系统的输入输出函数时,应该在源文件中包含头文件"stdio. h"。

函数名	函数原型	功能	返回值
clearerr	void clearer(FILE * fp);	清除文件指针错误	无
fclose	int fclose(FILE * fp);	关闭 fp 指向的文件,释放文件缓冲区	成功返回 0,否则返回非 0
feof	int feof(FILE * fp);	检查文件是否结束	遇文件结束符返回非 0,否则返回 0
fgetc	int fgetc(FILE * fp);	从 fp 指向的文件中取得下一个字符	返回所得的字符;若读入出错返回 EOF
fgets	char * fgets(char * buf,int n,FILE * fp);	从 fp 指向的文件中读取一个长度为 n−1 的字符串,存入起始地址为 buf 的空间	返回地址 buf;若遇文件结束或出错返回 NULL
fopen	FILE * fopen (char * filename,char * mode);	以 mode 指定的方式打开名为 filename 的文件	成功,返回文件指针;否则返回 NULL
fprintf	int fprintf(FILE * fp,char * format,args,…);	把 args 的值以 format 指定的格式输出到 fp 指向的文件中	实际输出的字符数
fputc	int fputc (char ch, FILE * fp);	将字符 ch 输出到 fp 指向的文件	成功,返回该字符;否则返回 EOF
fputs	int fputs(char * str,FILE * fp);	将 str 指向的字符串输出到 fp 指向的文件	成功返回 0;否则返回非 0
fread	int fread(char * pt,unsigned size,unsigned n,FILE * fp);	从 fp 指向的文件中读取长度为 size 的 n 个数据项,存到 pt 指向的内存区	返回所读的数据项个数;若遇文件结束或出错返回 0
fscanf	int fscanf (FILE * fp, char format,args,…);	从 fp 指向的文件中按 format 给定的格式将输入数据送到 args 指向的内存单元	已输入的数据个数
fseek	int fseek (FILE * fp, long offset,int base);	将 fp 指向的文件位置指针移动到以 base 给出的位置为基准、以 offset 为位移量的位置	返回当前位置;否则返回−1
ftell	long ftell(FILE * fp);	返回 fp 指向文件的读写位置	返回 fp 指向文件中的读/写位置
fwrite	int fwrite(char * ptr,unsigned size,unsigned n,FILE * fp);	把 ptr 指向的 n * size 个字节输出到 fp 指向的文件	写到 fp 指向文件的数据项个数
getc	int getc(FILE * fp);	从 fp 指向的文件中读取一个字符	返回所读的字符;若文件结束或出错,返回 EOF
getchar	int getchar(void);	从标准输入设备读取下一个字符	返回所读字符;若文件结束或出错返回−1

续 表

函数名	函数原型	功能	返回值
getw	int getw(FILE * fp);	从 fp 指向的文件读取下一个字（整数）	输入的整数；若文件结束或出错,返回-1
open	int open(char * filename,int mode);	以 mode 指定的方式打开已存在的名为 filename 的文件	返回文件号；若打开失败返回-1
printf	int printf (char * format, args,… ;)	按 format 指向的格式字符串所规定的格式,将输出表列 args 的值输出到标准输出设备	输出字符的个数；若出错返回负数
putc	int putc(int ch,FILE * fp);	把一个字符 ch 输出到 fp 指向的文件	输出的字符 ch；若出错返回 EOF
putchar	int putchar(char ch);	把字符 ch 输出到标准输出设备	输出的字符 ch；若出错返回 EOF
puts	int puts(char * str);	把 str 指向的字符串输出到标准输出设备,将 '\0' 转换为回车换行	返回换行符；若失败返回 EOF
putw	int putw(int w,FILE * fp);	将一个整数 w(即一个字)写到 fp 指向的文件	返回输出的整数；若出错返回 EOF
read	int read(int fd,char * buf, unsigned count);	从文件号 fd 所指示的文件中读 count 个字节到由 buf 指示的缓冲区	返回真正读入的字节个数；若遇文件结束返回 0,否则返回-1
rename	int rename(char * oldname, char * newname);	把 oldname 指向的文件名更改为由 newname 所指的文件名	成功返回 0；否则返回-1
rewind	void rewind(FILE * fp);	将 fp 指向的文件中的位置指针置于文件开头位置,并清除文件结束标志和错误标志	无
scanf	int scanf(char * format,args, …);	从标准输入设备按 format 指向的格式字符串所规定的格式输入数据给 args 指向的单元	读入并赋给 args 的数据个数,遇文件结束返回 EOF,出错返回 0
write	int write(int fd,char * buf, unsigned count);	从 buf 指向的缓冲区输出 count 个字符到 fd 标志的文件中	返回实际输出的字节数,若出错返回-1

5. 动态存储分配函数

ANSI C 标准建议在"stdlib.h"头文件中包含有关动态存储分配函数的信息,很多编译系统使用"malloc.h"来包含。

函数名	函数原型	功能	返回值
calloc	void * calloc (unsigned n, unsigned size);	分配 n 个数据项的内存连续空间，每个数据项的大小为 size	分配内存单元的起始地址,若分配失败则返回 0
free	void free(void * p);	释放 p 指向的内存区	无
malloc	void * malloc(unsigned size);	分配 size 个字节的存储区	所分配的内存区起始地址,若内存不够则返回 0
realloc	void * realloc (void * p, unsigned size);	将 p 指向的已分配内存区的大小更改为 size,size 可以比原来的分配的空间大或小	返回指向该内存区的指针

6. 其他常用函数

使用 time 函数时,应该在源文件中包含头文件"time. h"。使用其他函数时,应该在源文件中包含头文件"stdlib. h"。

函数名	函数原型	功能	返回值
atof	double atof (const char * str);	把 str 指向的字符串转换成双精度浮点值,字符串中必须含合法的浮点数,否则返回值无意义	返回转换后的双精度浮点值
atoi	int atoi(const char * str);	把 str 指向的字符串转换成整型值,字符串中必须含合法的整型数,否则返回值无意义	返回转换后的整型数
atol	longint atoll (const char * str);	把 str 指向的字符串转换成长整型值,字符串中必须含合法的整型数,否则返回值无意义	返回转换后的长整型值
exit	void exit(int n);	使程序立即正常终止,清空和关闭任何打开的文件;若 n=0,程序正常退出,n 为非 0 值,表示定义出现错误	无
srand	void srand(unsigned int n);	为函数 rand()生成的伪随机数序列设置起点种子值	无
time	time_t time(time_t * time);	调用时可使用空指针,也可使用指向 time_t 类型变量的指针;若使用后者,则该变量可被赋予日历时间	返回系统的当前日历时间;若系统丢失时间设置,则函数返回 -1